高管權利、能力與高管超額薪酬研究
─以中國企業為例

冉春芳 著

崧燁文化

序　言

　　現代公司治理實踐中頻現公司治理危機，其主要癥結之一在於股東與高管之間的委託與代理問題。高管是公司戰略的實施者。如何激勵高管發揮潛能，如何約束高管的自利行為，是公司治理理論經久不衰的話題。對高管超額薪酬的合理度量並明確高管超額薪酬產生的原因，關乎企業的運作效率，更關乎社會的公平、正義與和諧。

　　高管薪酬的持續上漲以及高管超額薪酬問題，常常是百姓津津樂道的話題。各國政府也紛紛出抬限薪政策或措施。我國政府在2008年世界性金融危機之後，針對國有企業高管的上漲薪酬，出抬了一系列薪酬管制政策。「你被限了嗎？」成為國有企業高管之間談論的話題。與此同時，學術界對「一刀切」式的薪酬管制的經濟后果提出了質疑。因此，對高管超額薪酬的合理度量，並明確高管超額薪酬的性質及其來源，運用相機的制度安排，有助於企業留住人才，提升高管的穩定性。這既符合企業、股東以及政府的根本利益，也有助於維護經濟的長期發展和社會的公平與正義。

　　冉春芳博士的著作《高管權力、能力與高管超額薪酬研究》，運用多層線性分析法、迴歸分析法等多種研究方法，對我國上市公司高管超額薪酬的度量和超額薪酬的影響因素進行研究，得出了客觀的研究結論，並對上市公司高管超額薪酬的制度安排提出了相機的政策建議。這一研究取得了新的研究成果，具有重要的理論與現實意義。

　　該著作的研究包括導論、文獻綜述、理論借鑑與分析框架、高管超額薪酬的度量、高管權力與高管超額薪酬的實證研究、高管能力與高管超額薪酬的實證研究、權力性超額薪酬的治理機制、能力性超額薪酬的激勵機制、研究結論與研究展望等內容。本書的學術價值和應用價值，主要表現在以下方面：

　　第一，研究角度新。國內鮮有文獻從高管能力的角度研究高管超額薪酬問題，本書的研究彌補了這一缺憾。現有研究文獻多從高管權力的視角分析高管

超額薪酬的影響因素，忽視了高管能力也是影響高管超額薪酬的重要動因。

第二，研究方法新。本書利用多層線性分析法度量高管超額薪酬。高管薪酬本質上是一個跨層次的問題，本書運用多層線性分析法從高管個人層面、公司組織層面和環境層面，選擇影響高管薪酬的合理因素逐層分解高管的實際薪酬，合理地度量了高管超額薪酬。與現有文獻採用 Core 模型度量高管超額薪酬相比，採用多層線性分析法具有樣本分佈更加合理、對高管薪酬中合理因素的影響部分剔除得更為乾淨的優勢。

第三，研究內容新。本書分別考察高管權力、能力對高管超額薪酬的影響，同時檢驗了超額薪酬的經濟后果。本書以董事長和總經理兩個樣本為研究對象，分別考察了高管權力、能力對高管超額薪酬的影響，發現高管權力、高管能力均是高管超額薪酬的重要影響因素。高管超額薪酬的性質是權力性的還是能力性的，主要取決於高管在公司中擔任的職務類型，具體表現為董事長通過權力獲取權力性超額薪酬，總經理通過能力獲取能力性超額薪酬。董事長的權力性超額薪酬呈現出「高權力→高薪酬→低業績」這一權力邏輯關係，而總經理的能力性超額薪酬呈現出「高能力→高薪酬→高業績」這一能力邏輯關係。

第四，制度安排新。根據高管超額薪酬的性質，提出相機的激勵、約束制度安排。這一制度設計，有助於為我國上市公司高管薪酬制度的設計提供理論指導和政策參考。

冉春芳博士是一位高校教師。本書是在她的博士論文的基礎上補充修改而成的。作為她的博士生導師，我為她的著作出版感到由衷的高興，希望她立足於我國經濟結構調整、產業結構優化升級、國有企業的混合所有制改革等現實背景，繼續關注企業高管的激勵約束問題，關注財務學的前沿問題，運用辯證唯物主義思想，結合理論與實踐，將規範研究與實證研究相結合，力戒形而上學和數字游戲式的研究方法，繼續為我國經濟改革與發展服務，為推進我國財務學研究和發展做出更大的貢獻。

是為序。

馮建

2015 年 12 月於光華園

內容摘要

　　我國上市公司高管薪酬持續上漲以及超額薪酬問題引起了社會各界的廣泛關注，其超額薪酬的形成原因成為學術界研究的熱點。由於薪酬契約的「失效」，眾多學者從管理者權力理論的視角研究高管超額薪酬問題。對於超額薪酬形成的原因，研究結論傾向於支持高管超額薪酬是高管通過權力獲得的權力性薪酬。在高管薪酬契約中，由於高管權力的存在，高管薪酬不僅缺少激勵功能，反而還引致了更高的代理成本。根據 Fama (1980) 的觀點，超額薪酬是對高管高於市場平均能力的反應或者是董事會對高管高能力的期望。然而，從高管能力的視角研究高管能力對超額薪酬的影響尚缺乏系統性的研究。高管超額薪酬究竟是權力薪酬還是能力薪酬，抑或兼而有之，厘清這些問題的前提在於合理度量高管超額薪酬。

　　理性的高管薪酬是基於高管能力和高管努力程度設置的薪酬契約。由於高管的能力和高管的努力程度均不可觀測，因此可行的辦法是通過高管個人特質推斷高管的能力水平和通過公司業績考核高管的努力程度。公司業績受到諸多因素的影響，既有高管能力因素，也有公司組織和環境異質性因素。因此，合理的高管薪酬設置應兼顧高管特質、公司特徵和環境異質性差異，用高管特質度量高管人力資本薪酬，用公司特徵和環境異質性評估高管的組織環境薪酬。本書以上市公司高管超額薪酬作為研究對象，以公司董事長和總經理作為薪酬主體，利用董事長和總經理兩個樣本，借助人力資本、薪酬契約等相關理論，以高管能力為研究視角，分析影響公司業績和高管能力發揮效果的個人因素、組織因素和環境因素；利用多層線性分析法逐層度量高管的人力資本薪酬和組織環境薪酬，把運用高管特質、公司特徵和環境異質性因素對高管實際薪酬逐層分解後的額外薪酬定義為高管超額薪酬；對超額薪酬的影響因素從高管權力和高管能力兩個視角進行剖析，厘清高管超額薪酬的性質是能力性的還是權力性的；對高管超額薪酬的經濟后果進行實證檢驗，為我國上市公司高管超額薪

酬的激勵約束制度安排提供政策借鑑。

本書的研究內容由9章組成。導論構成本書的第1章。這部分對選題背景、研究目的與意義進行簡單的介紹，同時對上市公司高管、高管薪酬的範圍和高管超額薪酬的度量等基本概念進行界定，對本書的研究思路、研究方法以及擬解決的主要問題進行簡單的闡述。第2章文獻綜述是本書研究的文獻基礎。這部分對國內外高管薪酬與超額薪酬的相關文獻進行梳理，系統總結薪酬契約、管理者權力、高管超額薪酬和高管與組織、環境是否匹配方面的研究成果，結合現有文獻進行簡單評價，擬為本書的研究尋找研究機會和研究方向。研究中所運用的理論基礎以及理論分析框架構成本書的第3章。這部分從委託代理的角度分析上市公司高管薪酬激勵的必要性和有效性，利用契約理論分析高管薪酬契約的不完全性以及高管的機會主義行為，運用信息理論根據高管特徵推斷高管的能力水平，借鑑人力資本理論剖析高管的人力資本價值，借助組織戰略理論分析高管與組織、環境是否匹配對高管薪酬的影響。至於高管期望薪酬與高管超額薪酬的度量則構成本書的第4章。該部分系統地分析影響高管薪酬的個體層面、組織層面和環境層面因素，運用多層線性分析法逐層度量高管的人力資本薪酬和組織環境薪酬，根據高管的人力資本薪酬和組織環境薪酬度量高管期望薪酬和高管超額薪酬。為了證明多層線性分析法度量高管超額薪酬對客觀因素剔除更為乾淨、更加合理的優勢，本書還運用Core模型重新度量高管超額薪酬。同時，對兩種方法度量的超額薪酬的數據特徵、樣本分佈等進行接近度測試。對於高管超額薪酬的主要影響因素，本書在第5章從高管權力的視角和第6章從高管能力的視角深入剖析，並厘清超額薪酬的性質是權力性超額薪酬還是能力性超額薪酬，根據超額薪酬的性質實證分析超額薪酬的經濟后果。除此之外，在本書的第6章還對高能力、高薪酬與高業績的薪酬邏輯關係進行檢驗，根據能力性超額薪酬的激勵效果推斷能力性超額薪酬的合理性。在上述實證研究的基礎上，本書的第7章進一步分析公司治理機制對權力性超額薪酬的治理效果，據此剖析權力性超額薪酬的治理對策。第8章分析高管能力與公司業績之間的關係，構建能力性超額薪酬的激勵機制。第9章是本書的結束章，主要對研究結論、研究不足進行總結，並對未來的研究進行展望。

本書的研究結論主要有：

第一，應該從高管個體特質、公司特徵和環境異質性三個維度分析高管薪酬的影響因素，並採用合理的方法度量高管超額薪酬。高管與組織、環境是否有效匹配，不僅影響高管能力的發揮程度和發揮效果，還影響高管薪酬設置、

公司業績以及公司的長期發展。

第二，高管超額薪酬的影響因素既有權力因素也有能力因素。我國上市公司高管，尤其是國有企業上市公司高管擔任的職務類型與高管超額薪酬的影響因素顯著相關。上市公司董事長主要通過權力獲得超額薪酬，其超額薪酬的性質為權力性超額薪酬。董事長權力的表現方式有兩職合一、政府工作背景以及在公司內部平行交叉任職和在股東單位任職。上市公司總經理主要通過能力獲取超額薪酬，其超額薪酬的性質是能力性超額薪酬，總經理能力的表徵方式是總經理的社會關係和創新能力。

第三，政府工作背景是高管獲取超額薪酬的重要原因，尤其是具有較高行政級別的國有企業高管。由於我國特殊的市場環境，具有政府工作背景的高管成為企業的稀缺性資源。上市公司為了獲得政府支持而願意支付官員型高管更高的薪酬是超額薪酬形成的重要原因。我國國有企業具有天然的政治關聯。國有企業上市公司的董事長一般由國資委行政任命，具有一定的行政級別，而總經理一般由董事會聘任。相對於總經理來說，公司董事長具有更大的權力。這表現在自身薪酬設計上，董事長具有較大的自由裁量權，更有機會獲得超額薪酬。因此，國有企業董事長的超額薪酬與董事長權力高度相關，而國有企業總經理的薪酬由董事會及薪酬委員會確定。董事會及薪酬委員會一般根據總經理的經營業績設計薪酬水平，而總經理的經營業績則主要受總經理的能力影響，表現為總經理通過能力獲取能力性超額薪酬。

第四，高管超額薪酬的性質不同導致超額薪酬的激勵效果存在顯著差異。上市公司董事長的超額薪酬體現為「高權力→高薪酬→低業績」這一邏輯關係。董事長的權力性超額薪酬不僅不具有激勵功能，反而引致了更高的代理成本，表現為董事長的超額薪酬不僅不能起到激勵效果，反而通過應計項目獲得操縱業績薪酬的機會。上市公司總經理的超額薪酬體現為「高能力→高薪酬→高業績」這一邏輯關係。總經理的能力性超額薪酬具有顯著的激勵功能，能夠促使總經理努力工作並提高公司業績。

第五，我國上市公司高管超額薪酬的制度安排應該相機而定，即根據超額薪酬的性質設置適宜的激勵機制和約束機制。對於上市公司董事長的權力性超額薪酬應強化約束機制建設，對於上市公司總經理的能力性超額薪酬應加強薪酬的激勵功能。

本書的研究創新主要有三個方面：

第一，從高管能力的角度研究高管超額薪酬問題，即研究視角新。現有研究文獻多從高管權力的視角分析高管超額薪酬的影響因素，忽視了高管能力也

是影響高管超額薪酬的重要動因這一事實。本書的研究彌補了這一缺憾。

第二，利用多層線性分析法度量高管超額薪酬，即研究方法新。高管個人是鑲嵌在組織中的，且高管薪酬本質上是一個跨層次的問題。本書利用多層線性分析法，從高管個人層面、公司組織層面和環境層面，選擇影響高管薪酬的合理因素，逐層分解高管的實際薪酬，合理地度量了高管超額薪酬。採用多層線性分析法度量高管超額薪酬能夠避免研究方法上的層級謬誤。與採用 Core 模型度量的高管超額薪酬相比，該方法度量的高管超額薪酬具有樣本分佈更加合理，對高管薪酬中合理因素的影響部分剔除得更加乾淨、更加徹底的優勢。

第三，分別考察高管權力和高管能力對高管超額薪酬的影響，同時檢驗了權力性超額薪酬和能力性超額薪酬的經濟后果，即研究內容新。以董事長和總經理兩個樣本為研究對象，本書分別考察了高管權力和高管能力對高管超額薪酬的影響。研究發現：高管權力、高管能力均是高管超額薪酬的重要影響因素；高管超額薪酬的性質是權力性的還是能力性的，主要取決於高管在公司中擔任的職務類型，具體表現為董事長的超額薪酬主要受權力的影響，而總經理的超額薪酬則更多地受高管能力的影響；董事長的權力性超額薪酬不具有激勵功能，體現為「高權力→高薪酬→低業績」這一邏輯關係，而總經理的能力性超額薪酬具有顯著的激勵功能，表現為「高能力→高薪酬→高業績」的內在邏輯關係。

本書的研究存在以下不足：

第一，僅研究高管年度貨幣薪酬，存在對高管薪酬考慮不全面的問題。為了研究方便，研究中僅選擇高管的年度貨幣薪酬代表高管薪酬。現實中，高管薪酬的範圍包括貨幣性薪酬、所有權激勵、高管福利、在職消費等。因此用貨幣薪酬代表高管薪酬存在考慮不全面的問題，可能導致研究結論存在偏誤。

第二，高管能力指標的選擇可能存在偏誤。研究中選擇高管的社會關係表徵高管能力，在穩健性檢驗中選擇創新能力表徵高管能力。高管能力具有隱蔽性，無法直接衡量。本書以高管在公司外部的社會兼職數量來衡量高管能力被社會認可的程度，以兼職類型衡量高管能力是否具有競爭性的需求市場。這種選擇缺少系統性的理論分析，可能存在變量選擇上的不足。

關鍵詞：高管權力；高管能力；超額薪酬；能力性超額薪酬；權力性超額薪酬

Abstract

The issues of the continual rising of the compensation and the over compensation of the top-executives of listed companies in China have caused a wide public concern. The reasons of the over compensation are hot academic research issues. Due to the 「failure」 of the compensation contracts, many scholars did some researches about the over compensation problem of the top-executives from the perspective of the managers' authority; for the reasons of over compensation, the research conclusion is in favor of the view that the over compensation of the top-executives is the compensation which is gained through the power of the top-executives. In the compensation contracts of the top-executives, due to the existence of the top-executive power, the compensation of the top-executives are lack of incentive function, which will cause a higher agency cost instead. According to Fama's (1980) point of view, over compensation is a reflection which shows that the ability level of the top-executives is higher than the average level or the executive board's expectation towards the ability of the top-executives. However, doing research on the influence of top-executives' ability on over compensation from the perspective of the top-executives' ability is lack of systematicness. Which one does over compensation of the top-executives belong to, power compensation or ability compensation? Or even both? The premise for sorting out these problems is that the over compensation of the top-executives should be measured reasonably.

Rational compensation is based on the managerial capability and the efforts of the executive. As the result of the managerial capability and the degree of the executive effort are not observed, the feasible method is inferring capability by individual characteristics and appraising the efforts of executives through their performance. The company performance is influenced by many factors, including the individual factors of top-executives, the factors of organization and the heterogeneous factors of market environment. Therefore, reasonable compensation should be established on the consideration of managerial individual characteristics, company characteristics and the difference of environmental heterogeneity. The executive compensation is judged by the managerial individual characteristics, and executive of organizational environment compensation is judged by the difference of characteristics and environmental heterogeneity. In this book, the over compensation is the subject, and the general manager and chairman of the board are the body. Using the human capital theory and compensation contracts theory and from research view of managerial ability, it analyzes the effects of company achievements and managerial capabilities of individual factors, organizational factors and environmental factors; it measures the compensation of human capital and organizational environment by using the Hierarchical Linear Model (HLM). Management of the actual salary using individual characteristic to explain as reward of human capital; to use company characteristics and environmental characteristics of the explanation is called organizational environment compensation. The personality variables, organizational characteristics and environmental heterogeneity variables can explain salary for executives. The actual salary for executives over the expectation value is the definition for over compensation in this paper. Paying for over compensation is the nature of the power or capability. We can know the effects of over compensation according to the results of the empirical analysis. Some reasonable advice is given to the listed companies on over compensation.

  This book consists of nine parts. The first part is the general information. It gives a brief introduction of the background, research purpose and research significance. The basic conception of the executives of listed companies, scope of top-executives compensation and over compensation measures are also included. And it briefly introduces the research ideas, research methods and plans to solve the main problems. The second part is the literature basis. This part analyzes related literature of executive compensation and over compensation both at home and abroad. It summarizes systematically the research achievements of the compensation contract, management power, the top-executive over compensation and top-executives organizational environment. Combining with the evaluation of existing literature, it finds out the research opportunity and explores the research direction. The theory basis and the theory analysis structure form the third part. This part analyzes the necessity and effectiveness of executive compensation incentive of listed companies from the perspective of the proxy-agent. By using the theory of contract, it analyzes the executive compensation contract incompleteness and the opportunism behavior of top-executives. According to top-executives characteristics, it infers their abilities with information theory. Drawing lessons from the human capital theory, it analyzes the human capital value of the top-executives. With the theory of organizational strategy, it analyzes the influence of organizational environment matching on executive compensation. The measures of the expectation compensation and over compensation for executives constitute the forth part of this paper. This part systematically analyzes the factors that influence the top-executives compensation. By using the HLM, it measures the executive compensation of human capital and organizational environment compensation. According to the human capital of executive compensation and organizational environment compensation, it measures the expectation compensation and excessive compensation of senior executives. The fifth and the sixth chapters analyze the influence factors from different perspectives (the perspective of managerial power and the perspective of managerial ability), and clarify whether the nature of management over compensation is the power excessive compensation or capability excessive compensation. The fifth chapter makes an empirical analysis on the economic consequences of top-executives over compensation in a listed company. In addition, the sixth chapter checks the logical relationship between high salary and high performance compensation. It proves the rationality of the extra compensation according to the incentive effect of over compensation for capability. With the aid of research conclusions, the following two chapters put forward reasonable suggestions according to the nature of the over compensation for executives of listed companies in our country. According to the executives of listed companies, the nature of the over compensation power (the seventh chapter) or capability (the eighth chapter) builds appropriate incentive (the eighth chapter) and restraint (the seventh chapter). The last part summarizes the conclusion, innovation and shortcomings of the research. And we also look forward to the future research directions.

The main research conclusions of the article are as follows:

(1) Effective matching of executives, organization and environment not only affects the capability of degree, but also affects the company's performance and the company's long-term development. The evaluation of the top-executive over compensation should analyze the influence factors from three dimensions: individual characteristics, organizational characteristics and environment heterogeneity, and adopt ap-

propriate methods to measure it.

(2) The influence factors of listed company executive over compensation are power factors and capability factors. In listed companies, especially in state-owned enterprises, executives' positions are closely related to the factors of over compensation. The chairman of a listed company gains the over compensation mainly through his power. The forms of a chairman's power are duality, background of government work and a position in a shareholder's company. That is the way to help chairman get over compensation of power. Chairman's over compensation is mainly influenced by chairman's capability. The capability of managing forms mainly include the social relations of the chairman. Outside the company, the higher chairman of the number of part-time and part-time type of chairman is, the higher the chairman accordingly obtainning excess compensation levels are; higher social part-time type of chairman shows that general manager meets the demand of the competitive market. The listed companies in order to attract or retain him tend to pay competitive salaries.

(3) The most important factor of the top-executives compensation is the government working experience, especially the higher Administrative position. Due to the special market environment in our country, official executives become scarce human resources of enterprises. In order to obtain the support of the government, the listed companies are willing to pay official executive compensation which is the important factor for the formation of excessive compensation. The over compensation of the chairman of the listed company board in China reflects the high power, high compensation and bad performance relationship. The chairman of the board after affectting excess power compensation, leads to higher agency cost. For the excess power compensation, it's invalid for a chairman to improve the company's future performance. The over compensation accrued items significantly positive correlation with the company, cannot motivate the effect but leads to higher agency cost. The chairman of China's listed companies over compensation reflects that the high capability brings high performance, and has significant incentives, including improving the company's future performance.

(4) The different natures of the over compensation cause significant differences in the incentive effect. A chairman's over compensation in the listed company presents a relationship of high power, high compensation and poor achievement. And the over compensation for power has not incentive effect but causes higher cost. While over compensation of general manager is more incentive, it can promote the company's a-

chievement.

(5) The over compensation system of listed company executives should be arranged with the reality. That is the nature of the over compensation with appropriate incentives or restriction system. In view of the chairman of the board of listed companies, over compensation should strengthen the construction of constraint mechanism, and the capability over compensation of the chairman of listed companies should strengthen the compensation incentive function, fitting for the system to set up incentive mechanism.

The research innovations of this book mainly include these following three aspects:

Firstly, it is a new research perspective to do research on the over compensation issue of the top-executive from the perspective of the top-executives' ability. Most of the current research documents analyze the influencing factors of the top-executives' over compensation issue from the view of the top-executives' power, and ignore the fact that top-executives' ability is also an important motivation factor which influences the top-executives' over compensation. The research of this book makes up for this defect.

Secondly, it is a new research method to measure the over compensation issue of the top-executives using the Hierarchical Linear Analysis Method (HLAM). Every top-executive is embedded in the organization, and the compensation issue of the top-executives is an across-level problem essentially. Using the HLMA, this book selects the reasonable factors which influence the top-executives' compensation, decomposes the actual compensation of the top-executives step by step, and measures the over compensation of the top-executives reasonably from the aspects of the top-executives, the company's organization and the environment. Using the HLMA to measure the top-executives' over compensation can avoid the hierarchy fallacy in research methods. Compared with the Core Model, this method of measuring the top-executives' over compensation can make the samples distribute more reasonable, and the kicking of the reasonable factors influencing the top-executives' compensation will be cleaner.

Thirdly, inspecting the influence of the top-executives' power and top-executives' ability on the over compensation of the top-executives respectively, and inspecting the economic results of over compensation of power and ability, which shows the new research contents. Taking the two samples, including the chairman of the board and the general manager, as the research objects, this book inspects the influence of the top-executives' power and the top-executives' ability on the over compensation of the top-executives respectively. The research result shows that both the top-executives' power and the top-executives' ability are the important influencing factors of top-executives' over compensation, and the nature of the top-executives' compensation, power or ability, mainly depends on the type of position which the top-executive is holding in the company. It is embodied in the fact that the chairman's over compensation is mainly affected by the power, while the over compensation of the general manager is mostly influenced by the top-executives' ability. The over compensation of the chairman's power does not have the incentive function, which is embodied in the logical relationship of high power, high compensation and low performance. However, the over compensation of the general manager's ability has a significant incentive function, which is embodied in the internal logical relationship of high ability, high compensation and high performance.

The deficiencies of this article are as follows:

Firstly, the scope of over compensation is not comprehensive. It only selected executives' annual monetary compensation to replace the executive compensation. In reality, the scope of executive compensation includes monetary compensation, ownership incentive, executive benefits, on-the-job consumption, etc. It could lead to bias of research conclusion.

Secondly, the selection of top-executives' ability indicator may be bias. It choses social relations to represent the managerial capability, and the innovation ability to represent the managerial capability in the steady examination. The managerial capability is invisible and can't be measured directly. In this book, the social recognition of the managerial capability was measured by the number of part-time jobs external of the company; and whether managerial ability is suitable for the demand of the competitive market was measured by the part-time types. This selection is lack of systematic theoretical analysis, which might cause deficiency in variable selection.

Key Words: Managerial Power; Managerial Capability; Over Compensation; Over Compensation for Capability; Over Compensation for Power

目　錄

1　導論 / 1
- 1.1　選題背景 / 1
- 1.2　研究目的與意義 / 3
  - 1.2.1　研究目的 / 3
  - 1.2.2　研究意義 / 5
- 1.3　基本概念的界定 / 5
  - 1.3.1　高管超額薪酬 / 5
  - 1.3.2　權力性超額薪酬 / 7
  - 1.3.3　能力性超額薪酬 / 7
- 1.4　研究思路與方法 / 8
  - 1.4.1　研究思路 / 8
  - 1.4.2　研究方法 / 8
- 1.5　研究框架 / 11
- 1.6　研究創新與不足 / 12
  - 1.6.1　研究創新 / 12
  - 1.6.2　研究不足 / 13

2 文獻綜述 / 14

2.1 薪酬契約的影響因素與激勵效果 / 14
- 2.1.1 薪酬契約的內容 / 14
- 2.1.2 薪酬契約的影響因素 / 16
- 2.1.3 薪酬契約的激勵效果 / 21

2.2 管理者權力的制約因素與經濟后果 / 23
- 2.2.1 管理者權力的內容 / 23
- 2.2.2 管理者權力的制約因素 / 24
- 2.2.3 管理者權力的經濟后果 / 26

2.3 超額薪酬的決定因素與經濟后果 / 27
- 2.3.1 超額薪酬的內容 / 27
- 2.3.2 超額薪酬的決定因素 / 29
- 2.3.3 超額薪酬的經濟后果 / 30

2.4 高管與組織環境的匹配 / 31
- 2.4.1 高管與組織的匹配 / 32
- 2.4.2 高管與環境的匹配 / 32

2.5 文獻述評 / 33

3 理論借鑑與分析框架 / 36

3.1 理論基礎 / 36
- 3.1.1 委託代理理論 / 36
- 3.1.2 契約理論 / 38
- 3.1.3 信息不對稱理論 / 40
- 3.1.4 人力資本理論 / 43
- 3.1.5 組織戰略理論 / 46

3.2 理論分析框架 / 47
3.2.1 理論分析 / 47
3.2.2 理論框架 / 49

4 高管超額薪酬的度量 / 52
4.1 高管超額薪酬的度量思路 / 52
4.1.1 多層線性分析法 / 53
4.1.2 超額薪酬的分層度量思路 / 54
4.1.3 樣本選擇與數據來源 / 54
4.2 高管薪酬的個體層面分析 / 56
4.2.1 高管特質分析與研究假設 / 56
4.2.2 模型設計與變量 / 62
4.2.3 高管特質的實證結果與分析 / 62
4.3 高管薪酬的組織層面分析 / 68
4.3.1 公司特徵分析與研究假設 / 68
4.3.2 模型設計與變量 / 71
4.3.3 公司特徵的實證結果與分析 / 72
4.4 高管薪酬的環境層面分析 / 76
4.4.1 環境異質性分析與研究假設 / 76
4.4.2 模型設計與變量 / 78
4.4.3 環境異質性的實證結果與分析 / 79
4.5 高管期望薪酬與超額薪酬 / 82
4.5.1 人力資本薪酬的度量 / 82
4.5.2 組織環境薪酬的度量 / 83
4.5.3 高管期望薪酬的度量 / 95

   4.5.4 高管超額薪酬的度量 / 96

   4.5.5 高管超額薪酬的接近度測試 / 98

  4.6 本章小結 / 101

5 高管權力與高管超額薪酬的實證研究 / 102

  5.1 理論分析與研究假設 / 103

  5.2 實證研究設計 / 105

   5.2.1 樣本選擇與數據來源 / 105

   5.2.2 模型及變量 / 105

  5.3 實證結果與分析 / 106

   5.3.1 描述性統計 / 106

   5.3.2 相關性分析 / 108

   5.3.3 多元迴歸分析 / 109

   5.3.4 穩健性檢驗 / 110

  5.4 權力性超額薪酬的經濟后果 / 115

  5.5 本章小結 / 117

6 高管能力與高管超額薪酬的實證研究 / 118

  6.1 理論分析與研究假設 / 118

  6.2 實證研究設計 / 120

   6.2.1 樣本選擇與數據來源 / 120

   6.2.2 模型及變量 / 120

  6.3 實證結果與分析 / 122

   6.3.1 描述性統計 / 122

   6.3.2 相關性分析 / 123

		6.3.3　多元迴歸分析 / 124

		6.3.4　穩健性檢驗 / 126

	6.4　能力性超額薪酬的激勵效果 / 129

	6.5　本章小結 / 131

7　權力性超額薪酬的治理機制 / 133

	7.1　超額薪酬的性質與相機制度安排 / 133

		7.1.1　薪酬激勵與治理約束 / 134

		7.1.2　超額薪酬的性質與激勵約束對策 / 135

	7.2　公司治理對權力性超額薪酬的約束效果 / 136

		7.2.1　理論分析與研究假設 / 136

		7.2.2　實證研究設計 / 137

		7.2.3　實證結果與分析 / 138

	7.3　權力性超額薪酬的治理機制 / 141

		7.3.1　權力性超額薪酬的治理原則 / 141

		7.3.2　權力性超額薪酬的治理路徑 / 142

	7.4　本章小結 / 143

8　能力性超額薪酬的激勵機制 / 145

	8.1　高管能力對公司業績的影響 / 146

		8.1.1　模型設計與變量 / 146

		8.1.2　迴歸分析 / 147

	8.2　能力性超額薪酬的激勵原則 / 148

	8.3　能力性超額薪酬的激勵機制 / 149

	8.4　本章小結 / 152

9　研究結論與研究展望 / 154

　　9.1 研究結論 / 154

　　9.2 研究不足 / 158

　　9.3 研究展望 / 159

參考文獻 / 161

后　記 / 183

致　謝 / 186

在讀期間科研成果目錄 / 190

1 導論

1.1 選題背景

　　2007 年始於美國的次貸危機引發全球金融危機，致使上市公司股價下跌並出現大量公司裁員，與之形成鮮明對比的是上市公司高管薪酬逆勢上漲以及高管薪酬異象等問題。高管薪酬以及超額薪酬問題再次引起社會公眾關注。如美國國際集團（AIG）在虧損 1,000 億美元的情況下，仍運用政府補助資金給公司高管支付高達 1.65 億美元的獎金。高管薪酬所導致的相關問題在我國上市公司同樣存在。根據搜狐網 2014 年 4 月 2 日的統計數據，我國上市公司高管的平均年薪從 2008 年的 52.83 萬元增長到 2012 年的 63.61 萬元，5 年間平均增長 20%；而全國城鎮居民人均可支配收入僅從 2008 年的 1.58 萬元增長到 2012 年的 2.56 萬元；2012 年上市公司高管平均年薪是城鎮居民可支配收入的 25 倍。如此快速、普遍的高管薪酬增長，較多學者從不同的視角探討高管薪酬增長的原因。Dow & Sheila（2004）研究指出，公司面臨複雜的商業環境，為了使高管與股東共同承擔環境不確定性風險，提高了高管薪酬業績敏感性，給予公司高管更多的股票是高管薪酬增長的主要原因。而 Bebchuk & Fried（2003）研究指出，上市公司高管薪酬的持續普遍上漲以及天價薪酬是不合理的，是高管利用權力尋租的結果，也是高管自利行為的表現。方軍雄（2009，2011）以我國上市公司為樣本研究公司高管薪酬上漲的原因，實證結果顯示我國上市公司高管薪酬與公司業績之間存在顯著的正相關關係，同時也存在粘性現象，表明高管薪酬隨公司業績的增長而增長，但當公司業績下降時高管薪酬並沒有同比例下降。

　　上市公司高管薪酬的逆勢上漲以及超額薪酬問題的本質是高管與公司股東之間存在的嚴重代理問題。如何解決代理問題，協調高管與股東之間的利益衝

突一直是公司治理研究的熱點。理性的高管薪酬應與公司績效及高管努力程度高度相關,將高管薪酬與公司績效掛勾的薪酬激勵被認為是最優薪酬契約,是融合高管與股東利益的有效途徑 (Jensen & Murphy, 1990)。而 Bebchuk et al. (2002, 2010) 以及 Bebchuk & Fried (2003) 從管理者權力的視角發現,最優薪酬契約不能有效解決企業代理問題,高管能夠俘獲公司董事會和薪酬委員會從而影響自身薪酬設計或自定薪酬,致使薪酬契約偏離最佳激勵目標,導致最優薪酬契約失效。Fama (1980) 認為,在競爭性經理人市場上,高管獲得相比市場平均水平更高的薪酬是因為高管能力超出市場平均能力的現狀或期望,高管薪酬越高意味著高管的能力越強①。隨著高管薪酬的持續上漲,高管薪酬與公司業績的弱敏感性、運氣薪酬以及超額薪酬等問題的實證發現與理論預測的背離使人們認識到,薪酬激勵並不能解決代理問題,薪酬的制定和執行機制反而成為代理問題的一部分。

那麼,究竟何種方式才能協調公司高管與股東之間的利益衝突,解決企業代理問題呢?理論和實務界並沒有取得一致的研究結論,高管薪酬逆勢上漲的原因以及超額薪酬的形成動因依然眾說紛紜。眾多文獻從管理者權力的視角研究高管超額薪酬,並認為高管超額薪酬是高管權力導致的不合理薪酬,提出加強公司治理機制,監督高管薪酬設計中的自利行為和約束高管權力。另據搜狐財經網 2015 年 3 月 27 日報導,中國銀行年薪 850 萬元的高薪高管宣布離職②,這似乎隱含著高管超額薪酬存在一定程度合理性的判斷。也就是說,當高管薪酬不能反應高管能力水平和努力程度時,上市公司高管可能選擇「用腳投票」,這對於上市公司來說無疑是人才流失。關於高管薪酬與高管能力之間的邏輯關係,Fama (1980) 曾經指出,高管高薪可能是高管高能力的合理回報。但是,從高管能力的視角研究高管薪酬以及超額薪酬問題,並沒有引起學術界的足夠關注,這為本書的研究提供了難得的機會。

---

① Fama E. F. Agency Problems and the Theory of the Firm. Journal of Political Economy, 1980, 88 (2): 288–307.

② 參見:2015 年 3 月 27 日,搜狐財經網《中行最高薪高管離職:年薪 850 萬 傳聞受限薪令影響》。高薪高管離職的原因可能是多方面的。高管個人因素、公司業績、行業風險、市場壓力以及來自於政府層面的監管等都可能會導致高管離職。受「限薪令」的影響或許是媒體或公眾的一種揣測。

1.2 研究目的與意義

1.2.1 研究目的

現代公司制企業的典型特徵之一就是所有權和經營權的分離（Berle & Means，1932；Fama & Jensen，1983），正是這種分離導致股東與管理層之間的委託代理問題。為了緩解代理問題，所有者往往通過激勵和約束兩種手段，使管理層利益與股東利益趨於一致。將高管薪酬與公司績效掛勾的最優薪酬契約被認為是解決公司代理問題，融合股東利益與高管利益的有效途徑（Jensen & Murphy，1990）。然而，高管薪酬與公司業績的弱敏感性（Tosi et al.，2000）、運氣薪酬（Bertrand & Mullainathan，2001）以及超額薪酬（Bebchuk et al.，2002、2010；羅宏等，2014）等問題的實證發現與理論預測的背離使人們認識到薪酬激勵並不能解決代理問題，薪酬的制定和執行機制反而成為代理問題的一部分（Bebchuk et al.，2002；Bebchuk & Fried，2003；權小鋒等，2010；呂長江和趙恒宇，2008；吳育輝和吳世農，2010），公司治理機制的治理績效備受質疑（Jensen，2004；Bebchuk et al.，2010）。

解釋高管超額薪酬的形成原因主要有管理者權力觀和最優薪酬契約觀。較多的文獻結論支持高管超額薪酬是高管利用手中的權力尋租獲得的超過公平談判所取得的收入（Bebchuk & Fried，2003），是以損害股東利益為代價獲得的與企業績效不對稱的薪酬（鄭志剛等，2012），是公司高管權力的結果，權力越大獲得的超額薪酬越多（Bebchuk et al.，2002；權小鋒等，2010；吳育輝和吳世農，2010；陳震和丁忠明，2011；黎文靖和胡玉明，2012；羅宏等，2014）。最優薪酬契約觀認為，衡量薪酬契約有效性的重要工具是薪酬業績敏感性（Holmstrom & Milgrom，1991；Jensen & Murphy，1990），薪酬業績敏感性越高，激勵合約越有效（Minnick & Noga，2010）。高管薪酬與公司業績之間存在顯著的正相關關係（Lewellen，1969；Morck et al.，1988），意味著對高管進行薪酬激勵能夠提高公司業績，將高管的報酬與高管的經營業績掛勾是理性選擇，有助於減少代理成本（Jensen & Murphy，1990；Kaplan，1994）。薪酬契約（Optimal Contracting）屬於激勵經濟學理論範疇，在對代理人的激勵上提出委託人通過設計和執行最優薪酬契約，可以防範代理人的道德風險從而降低企業代理成本。為了避免公司高管決策偏離股東價值最大化目標，可以通過有效的薪酬契約安排將高管利益與股東財富緊密結合，以激勵公司高管實施股東利

益最大化的行為，這種薪酬契約可以有效地協調委託代理關係。在最優薪酬契約的框架下，高管薪酬主要取決於高管的能力、風險偏好和任務的複雜性。事前高薪反應了公司對高管高能力的期望（Bizjak et al., 2008；Wowak et al., 2011）；事後高薪則是公司對高管優良業績的回報。高管的超額薪酬是高管超出市場平均能力的回報，薪酬越高意味著高管的能力越強（Fama, 1980；Shen et al., 2010）。由此可見，高管能力是影響高管薪酬的重要因素，超額薪酬可能是高管高能力的回報。然而，學界多從高管權力的視角研究超額薪酬，並傾向性地認為高管的超額薪酬是權力薪酬，鮮有學者從高管能力異質性的角度去研究超額薪酬。至於高管能力薪酬的構成，是否存在能力性超額薪酬以及能力性超額薪酬的合理性等問題都有待於系統性地研究。

　　最優薪酬契約是根據高管的能力和高管的努力程度來設置的。但是，高管的能力和高管的努力程度無法直接衡量。一般通過高管的個人特質推斷高管的能力水平和採用公司業績間接度量高管的努力程度。然而，公司業績受到諸多因素的影響，既受高管努力程度的影響，又受公司特徵和公司所處經濟、社會環境等因素的影響。因此，高管薪酬設置應該綜合考慮高管個人因素、公司特徵和環境異質性因素的影響。即採用個人特質因素確定高管的人力資本薪酬，採用公司特徵和環境異質性因素確定高管的組織環境薪酬。人力資本薪酬和組織環境薪酬構成高管的期望薪酬，並將高管的實際薪酬與高管的期望薪酬之間的差額視為高管的超額薪酬。為研究高管超額薪酬的影響因素，從高管權力和高管能力兩個視角進行分析，若高管能力顯著地影響高管超額薪酬，則這種超額薪酬是合理的能力性薪酬；若高管權力顯著地影響高管超額薪酬，則這種超額薪酬是權力性薪酬，是不合理的薪酬。本書利用多層線性模型（Hierarchical Linear Modeling, HLM）[①] 的分析方法，系統地分析影響高管能力的個人特質因素、公司特徵因素和環境異質性因素，科學度量上市公司高管期望薪酬和超額薪酬。在高管超額薪酬的分層度量基礎上，本書從高管權力和高管能力兩個視角研究高管超額薪酬的決定因素，釐清高管超額薪酬究竟是權力薪酬還是能力薪酬，進一步分析高管超額薪酬的合理性以及相機的制度安排和政策建議。

---

① 針對跨層數據或多層數據的研究，英國倫敦大學 Harvey Goldstein 教授首先提出「多層分析」的思路，后來美國密歇根大學 Stephen W. Raudenbush 教授進一步提出分層線性模型研究方法，即 HLM 研究方法。參見：Stephen W. Raudenbush, Anthony S. Bryk. Hierarchical Linear Models: Applications and Data Analysis Methods [M]. 2nd ed. London: Sage Publications Ltd, 2002.

1.2.2 研究意義

本書的理論價值主要表現在兩個方面：第一，拓展高管薪酬和超額薪酬的研究維度。與現有文獻從公司層面研究高管薪酬和超額薪酬不同的是，本書借鑑代理理論、薪酬契約理論和人力資本理論等有關理論觀點研究上市公司高管能力、公司業績與高管薪酬之間的內在邏輯關係，從高管個體、公司組織和外部環境三個維度分析高管薪酬的影響因素，運用多層線性分析法（HLM）度量高管期望薪酬和高管超額薪酬。這一研究成果有助於拓展現有高管薪酬和超額薪酬的研究維度，豐富高管薪酬影響因素方面的研究文獻，延展高管超額薪酬的度量方法。第二，厘清高管超額薪酬的性質是權力還是能力。現有文獻對高管超額薪酬的影響因素多從高管權力的角度研究，並傾向性認為超額薪酬是高管權力的結果。本書在高管超額薪酬合理度量的基礎上，從高管權力和高管能力兩個視角研究超額薪酬的決定因素，並根據實證結果分析高管超額薪酬的性質是權力性超額薪酬還是能力性超額薪酬，提出能力性超額薪酬是基於高管能力的合理薪酬的觀點。這一研究成果有助於擴展高管超額薪酬的研究視角，進一步豐富高管超額薪酬的決定因素方面的研究文獻。

實踐意義：上市公司高管如果通過權力獲取超額薪酬其本質是損害股東財富，對公司來說，不僅導致短期業績受損，還會損害公司的未來業績。但如果上市公司高管超額薪酬是高管能力的結果，高管超額薪酬是合理的薪酬。根據上市公司高管超額薪酬的性質，對能力性超額薪酬則需構建適宜的薪酬制度，發揮薪酬的激勵功能，促使高管能力有效發揮；同時根據權力性超額薪酬的經濟後果，建立科學規範的高管超額薪酬約束機制，才能遏制上市公司高管的薪酬失範問題。這有助於為我國上市公司高管薪酬制度設置提供理論指導、實證支持和政策參考。

1.3 基本概念的界定

1.3.1 高管超額薪酬

（1）高管的界定。高管是企業的重要組成部分，也是企業最重要的人力資源。在西方文獻中，公司高管一般指總經理，但是 Kato & Long（2006a）、Firth et al.（2007）認為董事長才是公司高管，因為董事長比總經理具有更大的權力。在我國的研究文獻中，公司高管一般包括總經理或者董事長，方軍雄

（2012）的研究中將董事長作為公司高管，杜勝利和翟艷玲（2005）將總經理（或總裁）界定為公司高管。遊家興等（2010）、周仁俊等（2010）將總經理和董事長同時界定為公司高管。按照《中華人民共和國公司法》（以下簡稱《公司法》）的相關規定，董事會及經理層是公司的執行機構。其中，董事會是全體股東的集約代表，處於公司權力機構的中心；總經理負責貫徹董事會決議，帶領公司經理層實施公司戰略並最大化公司價值和股東財富，處於公司執行機構的核心；公司董事長和總經理在實現公司使命，進行重大投融資活動中居於主導地位，而其他高級管理人員，如副董事長、副總經理等則在董事長和總經理的工作中起配合和協調的作用。因此，董事長和總經理是企業最高決策者，對公司業績具有直接的影響能力。根據《公司法》和研究文獻對上市公司高管的界定，本書研究中將公司高管的範圍限定為「董事長和總經理」，將董事長和總經理的薪酬作為研究對象，運用董事長和總經理兩個樣本對高管的超額薪酬問題進行研究。

（2）高管薪酬的界定。高管薪酬是根據高管與企業間的薪酬契約，基於高管能力和高管努力程度所獲得的報酬，包括貨幣薪酬和股權激勵。在西方文獻中，高管報酬分為短期報酬和中長期報酬，短期報酬包括基本年薪和其他年度收益；高管的中長期報酬一般要求高管滿足一定的業績條件和服務年限的要求，才能夠獲得股票期權和限制性股票。在我國文獻中，吳育輝和吳世農（2010）認為高管薪酬由年薪、獎金和股權激勵三部分構成；楊青等（2010）提出高管薪酬包括經濟性報酬和非經濟性報酬，經濟性報酬主要包括工資、獎金、股權等直接報酬和以福利形式支付的間接報酬，非經濟性報酬包括工作性質、工作環境等。為了研究的方便，多數學者將高管的貨幣薪酬作為高管薪酬的代理變量進行研究，如方軍雄（2009，2012）、李增泉（2000）、辛清泉和譚偉強（2009）等。高管股權激勵一般選擇高管持股比例來表徵，而高管的持股無法區分是高管獲得的股權激勵還是高管通過二級市場購買取得的股份。因此，借鑑已有文獻對高管薪酬的限定，本書將董事長和總經理的年度貨幣薪酬總額作為高管薪酬的代理變量，以此為基礎研究高管權力、能力與高管超額薪酬問題。

（3）高管超額薪酬的界定。高管超額薪酬厘定的前提條件是確定高管的期望薪酬，即高管薪酬中能夠用合理因素給予解釋的薪酬部分。在現有高管薪酬的研究文獻中，如Core et al.（1999）的研究中將高管實際薪酬分為兩部分，

即客觀經濟因素決定的薪酬部分和非經濟因素決定的薪酬部分①，前者是合理薪酬，后者是超額薪酬。Ang et al.（2003）的研究中將高管實際薪酬分解為經濟因素決定的薪酬部分和殘差，將經濟因素決定的薪酬部分作為能力薪酬，迴歸殘差作為薪酬溢價，其本質是對高管「超額」能力的補償②。Brick et al.（2006）在Ang et al.（2003）的基礎上將迴歸殘差進一步用高管能力的代理變量進行分解，將剔除高管超額能力補償后的剩余部分作為高管超額薪酬，高管超額薪酬是無法由合理變量給予解釋的薪酬部分③。鄭志剛（2012）則認為，高管超額薪酬是以損害股東利益為代價獲得的與企業績效不對稱的薪酬。本書借鑑現有文獻對高管超額薪酬的界定思路，從個人、公司和環境三個層面尋找高管薪酬的影響因素，運用多層線性分析法（HLM）首先在高管個人層面運用高管特質因素將高管實際薪酬分解為高管人力資本薪酬和殘差部分，將殘差部分在組織環境層面運用組織環境因素進一步分解為組織環境薪酬和額外薪酬。將高管實際薪酬運用多層線性分析法在高管個體層面和組織環境層面無法用個人特質因素、公司特徵因素和環境因素給予解釋的額外薪酬部分定義為「高管超額薪酬」。

1.3.2 權力性超額薪酬

根據管理者權力理論，高管超額薪酬是高管權力在自身薪酬設計上運用權力尋租的結果，體現為高管權力越大獲取的超額薪酬就越多。運用多層線性分析法對高管的實際薪酬在高管個體層面和組織環境層面分別利用個體特質因素和組織環境因素逐層分解后，對於無法用個體特質、公司特徵和環境因素給予解釋的超額薪酬部分，進一步分析高管權力與高管超額薪酬之間的關係。如果高管權力是高管超額薪酬的顯著影響因素，本書將受到高管權力顯著影響的這類超額薪酬定義為「權力性超額薪酬」。

1.3.3 能力性超額薪酬

根據最優薪酬契約理論，高管薪酬是高管能力和高管努力程度的結果，高

---

① Core J. R. Holthausen, D. Larcker. Corporate Governance, Chief Executive Officer Compensation and Firm Performance [J]. Journal of Financial Economics, 1999, 51 (3): 371–406.

② Ang. S, L. V. Dyne, T. M. Begley. The Employment Relationships of Foreign Workers versus Local Employees: A Field Study of Organizational Justice, Job Satisfaction, Performance, and OCB [J]. Journal of Organizational Behavior, 2003, 24 (55pecial): 561–583.

③ Brick I. E., O. Palmon, K. Wald. CEO Compensation, Director Compensation, and Firm Performance: Evidence of cronyism [J]. Journal of Corporate Finance, 2006, 12 (3): 403–423.

管高薪是高管高能力的回報，也就是說高管超額薪酬可能是高管超額能力的補償。運用多層線性分析法對高管的實際薪酬在高管個體層面和組織環境層面中採用合理因素給予分解，對確實無法用合理因素予以解釋的超額薪酬部分進一步分析高管能力與高管超額薪酬之間的關係，如果高管能力是高管超額薪酬的顯著影響因素，本書將受到高管能力顯著影響的這類超額薪酬定義為「能力性超額薪酬」。

1.4 研究思路與方法

1.4.1 研究思路

本書遵循「理論分析→實證檢驗→政策建議」的邏輯思路，在系統梳理國內外相關文獻的基礎上，首先闡述高管超額薪酬研究的理論基礎，包括委託代理理論、契約理論、信息不對稱理論、人力資本理論和組織戰略理論，並在此基礎上展開理論分析，從而為本書研究提供邏輯起點和理論分析框架；然後，運用多層線性分析法（HLM）科學度量公司高管的超額薪酬，利用 Core Model 進行近似度測試以檢驗多層線性分析法的有效性；其次，以董事長和總經理兩個樣本從高管權力、高管能力視角分別考察對超額薪酬的影響，從而厘清高管超額薪酬的性質是權力性超額薪酬還是能力性超額薪酬，進一步檢驗權力性超額薪酬和能力性超額薪酬的經濟後果；最後，根據實證研究結論提出高管超額薪酬的相機制度安排，即權力性超額薪酬的約束機制設計和能力性超額薪酬的激勵制度安排。

本書的基本研究思路如圖 1.1 所示。

1.4.2 研究方法

在文獻閱讀和理論分析的基礎上，本書綜合運用規範研究、多層線性分析法和實證研究，採用定性分析與定量分析相統一的方法，科學度量高管薪酬，實證分析高管超額薪酬與高管權力和高管能力之間的關係。主要研究方法有：

（1）規範研究。①文獻研究法，通過對相關的研究文獻進行系統回顧和歸類整理，找出規律性的結論。②比較分析法，對衡量高管能力的個人因素、組織因素和環境因素進行文獻比較，綜合人力資本理論、組織理論和戰略理論方面的文獻，選擇影響高管能力的各個層面因素，為度量高管期望薪酬和超額薪酬建立基礎。

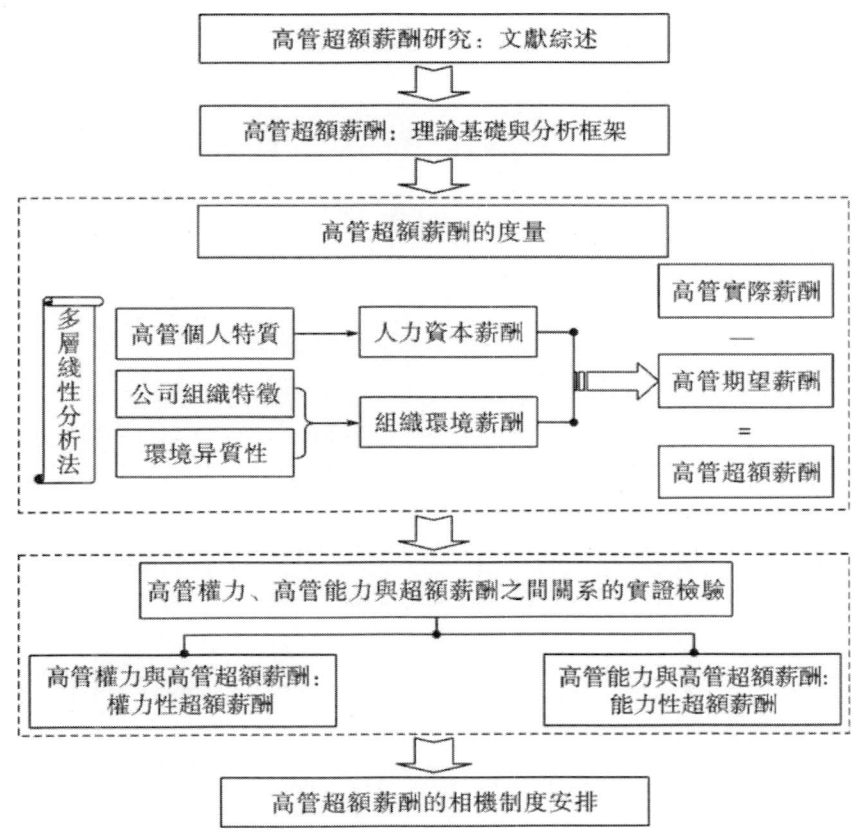

圖 1.1　本書的基本研究思路

（2）多層線性分析法。運用多層線性分析法（Hierarchical Linear Modeling，HLM）研究高管期望薪酬和高管超額薪酬。高管薪酬問題本質上是一個跨層次的問題（蘇方國，2011）[①]，一個跨層問題若僅從單一層面利用傳統方法進行迴歸分析可能導致層次謬誤（Raudenbush & Bryk[②]，2007；林鉦

[①] 蘇方國．人力資本、組織因素與高管薪酬：跨層次模型 [J]．南開管理評論，2011，14(3)．

[②] Raudenbush and Bryk．分層線性模型：應用與數據分析方法：第 2 版 [M]．北京：社會科學文獻出版社，2007．

琴、彭臺光①，2006；張雷等②，2003）。現有高管薪酬的研究中，通常將影響高管薪酬的所有變量放在同一層面進行迴歸（Harris & Helfat③，1997；James & Marua④，2003；蘇方國，2011），存在研究層次上的不足。高管薪酬是一個涉及高管個體、公司組織和環境層面的跨層問題，適宜採用分層次的研究方法度量高管期望薪酬和超額薪酬。因此，本書運用多層線性分析法度量高管期望薪酬和超額薪酬，能夠提高超額薪酬的度量效果，彌補現有研究中可能的層級謬誤問題和結論偏誤問題。採用多層線性分析法度量高管超額薪酬的具體步驟如下：

第一步，選擇合理的變量衡量高管特質、公司特徵和環境異質性。

第二步，在高管個人層面，以高管的實際薪酬作為被解釋變量，以高管的個人特質因素作為解釋變量，基於大樣本迴歸預測高管個人特徵變量的迴歸系數，並估計高管個人特質因素決定的「人力資本薪酬」。高管的實際薪酬補償「人力資本薪酬」後的額外部分作為「人力資本溢價」。

第三步，在組織環境層面，將「人力資本溢價」作為被解釋變量，以影響高管薪酬的公司特徵和環境因素為解釋變量，分析公司特徵和環境因素對高管薪酬的影響，將「人力資本溢價」分解為公司與環境特徵能夠合理解釋的薪酬部分和不能合理解釋的薪酬部分，前者稱為高管的「組織環境薪酬」，後者即為高管的「超額薪酬」。

第四步，度量高管期望薪酬與超額薪酬。高管期望薪酬由高管個人層面的人力資本薪酬和組織環境薪酬構成，高管期望薪酬與超額薪酬度量用公式表示為：「高管期望薪酬＝人力資本薪酬＋組織環境薪酬」，高管超額薪酬用公式表示為「高管超額薪酬＝人力資本溢價－組織環境薪酬」。

（3）實證研究。採用檔案式研究法，建立多元線性迴歸模型實證檢驗高管權力與高管超額薪酬、高管能力與高管超額薪酬之間的關係，尋找高管超額薪酬的形成機理，為厘清高管超額薪酬的性質以及建立相機的超額薪酬激勵約束機制提供基於大樣本的經驗證據。

---

① 林鉦琴，彭臺光. 多層次管理研究：分析層次的概念、理論和方法 [J]. 管理學報（臺灣），2006（6）：649-675.

② 張雷，雷靂，郭伯良. 多層線性模型應用 [M]. 北京：教育科學出版社，2003.

③ Harris H. Specificity of CEO Human Capital and Compensation [J]. Strategic Management Journal，1997，18（11）：895-920.

④ James. G. C. and S. S. Marua. Managerialist and Human Capital Explanation for Key Executive Pay Premiums [J]. Academy of Management Review，2003（1）：63-73.

1.5 研究框架

本書共9章，每一章的主要內容如下：

（1）第1章：導論。導論部分主要介紹論文的選題背景、研究目的與意義，界定公司高管、高管薪酬、高管超額薪酬、權力性超額薪酬和能力性超額薪酬等基本概念，闡述研究思路與方法、研究框架，最后指出本書的研究創新和不足。

（2）第2章：文獻綜述。本章從薪酬契約的影響因素與激勵效果、管理者權力的制約因素與經濟后果、超額薪酬的決定因素與經濟后果、高管與組織環境的匹配四個維度對國內外相關文獻進行系統的梳理，並進行客觀的評述。

（3）第3章：理論基礎與分析框架。本章闡述高管超額薪酬研究的理論基礎，包括委託代理理論、契約理論、信息不對稱理論、人力資本理論和組織戰略理論，並在此基礎上展開理論分析，從而為本書研究提供邏輯起點和理論分析框架。

（4）第4章：上市公司高管超額薪酬的度量。本章運用人力資本理論，尋找高管能力的代理指標並度量高管的人力資本薪酬；運用組織理論和戰略理論，分析公司特徵和環境異質性對高管薪酬的影響，並度量高管的組織環境薪酬；研究中利用多層線性分析方法，度量高管期望薪酬和高管超額薪酬。

（5）第5章：高管權力與超額薪酬的實證研究。本章實證分析高管權力與超額薪酬的內在關係，檢驗權力性超額薪酬的經濟后果。此外，分別對高管權力和高管超額薪酬選擇替代性指標，對高管權力與超額薪酬之間的關係進行穩健性檢驗。

（6）第6章：高管能力與超額薪酬的實證研究。本章實證分析高管能力與超額薪酬的內在關係，檢驗能力性超額薪酬的激勵效果。此外，對高管能力和超額薪酬選擇替代性指標，對高管能力與超額薪酬之間的關係進行穩健性檢驗。

（7）第7章：權力性超額薪酬的治理機制。在第5章權力性超額薪酬的經濟后果分析基礎上，本章進一步檢驗上市公司內部治理機制對權力性超額薪酬的約束效果，根據「高權力→高薪酬→低業績」這一邏輯關係，從抑制高管權力的角度提出權力性超額薪酬的治理機制。

（8）第8章：能力性超額薪酬的激勵機制。在第6章能力性超額薪酬的激

勵效果基礎上，進一步分析高管能力對公司業績的影響，根據「高能力→高薪酬→高業績」這一邏輯關係，從發揮能力性超額薪酬的激勵功能的角度，分析能力性超額薪酬的激勵機制。

（9）第9章：研究結論與研究展望。這一章對全書進行總結，突出本書的主要研究結論，對存在的主要研究不足進行說明，並對未來的研究方向進行展望。

1.6 研究創新與不足

1.6.1 研究創新

本書的研究創新主要體現為：

第一，從高管能力的角度研究高管超額薪酬問題，突破了單一的權力視角。現有研究文獻多從高管權力的視角分析高管超額薪酬的影響因素，忽視了高管能力也是影響高管超額薪酬的重要動因。本書的研究彌補了這一缺憾。

第二，利用多層線性分析法度量高管超額薪酬，解決了因從單一層面採用多元線性迴歸方法而產生的層級謬誤和結論偏誤的問題。高管個人是鑲嵌在組織中的。高管薪酬本質上是一個跨層次的問題。本書利用多層線性分析法，從高管個人層面、公司組織層面和環境層面，選擇影響高管薪酬的合理因素逐層分解高管的實際薪酬，合理地度量了高管超額薪酬。採用多層線性分析法度量高管超額薪酬能夠避免研究方法上的層級謬誤。與採用 Core 模型度量的高管超額薪酬相比，採用該方法度量的高管超額薪酬具有樣本分佈更加合理，對高管薪酬中合理因素的影響部分剔除得更為乾淨的特點。

第三，分別考察高管權力和高管能力對高管超額薪酬的影響，同時檢驗了權力性超額薪酬和能力性超額薪酬的經濟後果，突破了以前僅從權力視角研究權力對超額薪酬的影響的局限。以董事長和總經理兩個樣本為研究對象，本書分別考察了高管權力和高管能力對高管超額薪酬的影響。研究發現：高管權力、高管能力均是高管超額薪酬的重要影響因素；高管超額薪酬的性質是權力性還是能力性，主要取決於高管在公司中擔任的職務類型。其具體表現為董事長的超額薪酬主要受權力的影響，而總經理的超額薪酬則更多地受高管能力的影響；董事長的權力性超額薪酬不具有激勵功能，體現為高權力→高薪酬→低業績的邏輯關係，而總經理的能力性超額薪酬具有顯著的激勵功能，表現為高能力→高薪酬→高業績的內在邏輯關係。

1.6.2 研究不足

由於研究視角、研究方法和研究內容的獨特性，作為一種探索性研究，本書存在的研究不足主要表現為高管能力和高管權力的替代指標選取方面。

第一，採用多層線性分析法度量高管超額薪酬時，本書選取高管年齡、學歷、任期、社會關係和高管職稱表徵高管能力，忽略了高管的跨國工作經歷、職業背景等因素。利用多層線性分析法，根據高管的個體特質因素評價高管的能力水平並度量高管的人力資本薪酬，進而測度高管的超額薪酬，是本書的主要貢獻之一。反應高管個體特質的變量較多，用以評價高管能力水平的因素也較多，本書僅選取高管年齡、學歷、任期、社會關係和高管職稱來衡量高管能力，沒有考慮高管的跨國工作經歷、職業背景和性別等因素。在公司層面變量選擇中，公司業績是衡量高管努力程度的主要指標，而公司業績指標有會計業績和市場業績之分。本書選擇營業利潤率和投資回報率兩個業績指標評價公司高管的努力程度，也許存在變量選擇的允當性問題。

第二，在檢驗高管能力對高管超額薪酬的影響時，本書選用高管的社會關係表徵高管能力，作為一種全新的探索，缺少文獻支持。

第三，在檢驗高管權力對高管超額薪酬的影響中，本書選取高管在公司內部平行交叉任職或在股東單位任職、政府工作背景、董事長和總經理兩職合一作為高管權力的代理變量。其中，以董事長和總經理兩職兼任作為高管權力的表徵指標得到諸多文獻的支持，而用高管在公司內部平行交叉任職或是在股東單位任職、政府工作背景表徵高管權力，卻缺乏文獻支持。

此外，高管薪酬度量方式可能也不夠充分。現實中，公司高管的薪酬形式除了貨幣薪酬之外，還有股票期權、實物補償等職務消費方式。為了研究方便，本書借鑑現有文獻僅選擇貨幣性薪酬表徵高管薪酬，存在計量不全面問題，研究結論難免存在偏誤。

2 文獻綜述

所有權與經營權相分離為現代企業的發展奠定了基礎,但同時也形成了股東和公司高管兩個不同的利益群體(Berle & Means, 1932)。由於利益群體之間存在信息的非對稱性和契約的不完全性,不可避免地產生了企業代理問題。為瞭解決代理問題,股東需要對公司高管進行監督和激勵,高管薪酬是激勵的有效工具。高管薪酬最早可以追溯到 Taussings & Baker(1925)的研究,經過 90 年的發展,形成了豐富的研究成果。高管薪酬的影響因素以及薪酬差異的產生原因是學術界一直關注的研究問題,高管薪酬最主要的兩種研究觀點是薪酬契約觀和管理者權力觀。近年來,隨著高管薪酬的持續上漲,高管薪酬與公司業績的非對稱性增長,高管超額薪酬問題引起研究者的關注。此外,高管薪酬水平不僅受到高管能力的影響,也受到公司特徵以及組織環境的影響。

2.1 薪酬契約的影響因素與激勵效果

薪酬契約屬於激勵經濟學理論研究範疇,委託人通過設計和執行薪酬契約,可以防範代理人的道德風險並降低代理成本。合理的薪酬契約被認為是協調委託代理關係的有效工具(Holmstrom, 1979; Jensen & Murphy, 1990)。通過有效的契約將高管薪酬與股東財富緊密結合,激勵高管實施最大化股東利益的行為,達到避免高管決策偏離股東利益目標(Jensen & Meckling, 1976)。在最優契約理論框架下,高管薪酬的主要決定因素有高管的能力、風險偏好和任務複雜度,事前高薪反應了公司董事會對高管高能力的期望(Bizjak et al., 2008; Wowak et al., 2011),事後高薪則是公司對高管優良業績的回報。

2.1.1 薪酬契約的內容

在高管薪酬契約內容的研究上,現有文獻關注高管薪酬激勵的內涵、激勵

方式以及高管業績的衡量指標。

（1）高管薪酬激勵的內涵。

Holmstrom（1979）指出，高管薪酬應該是個人業績的函數，個人業績是由高管的努力程度和高管能力兩個因素共同決定的。高管薪酬與個人業績的函數關係成立的前提條件是個人業績能夠被準確地度量。但是，實踐中高管的能力和高管的努力程度均無法直接觀測，尋找合理的代理指標衡量高管個人業績，並根據高管業績設置適宜的薪酬激勵內容是高管薪酬激勵需要解決的問題。Holmstrom（1979）認為，高管薪酬的激勵內容包括固定工資、業績獎金和股權激勵三個部分，讓代理人承擔風險是代理人激勵的最有效方式。針對風險規避型代理人，承擔風險會帶來成本，必須根據激勵收益和成本確定高管最優薪酬契約。盧銳等（2008）認為高管薪酬的激勵方式主要有貨幣薪酬、股權激勵以及在職消費為主的福利形式。貨幣薪酬和股權激勵屬於顯性薪酬，以在職消費為主的福利薪酬屬於隱性薪酬。步丹璐等（2010）利用有效工資理論、行為經濟學等方面的理論觀點，提出用經濟因素構建測量高管能力和努力程度的公平薪酬模型。模型中的經濟因素有高管特徵和公司特徵，如果公司的高管特徵比較明顯就採用高管特徵模型衡量高管的公平薪酬；若公司的環境特徵和公司特徵比高管特徵更加明顯則採用公司特徵模型衡量高管的公平薪酬；如果高管個人和公司特徵均比較明顯，則採用加權高管特徵和公司特徵的綜合模型來衡量高管的公平薪酬。

（2）高管薪酬激勵方式。

薪酬激勵的兩個主要目標是融合經理與股東的利益（Jensen & Murphy，1990）和尋找具有信息含量的績效觀測指標（Holmstrom，1979）。如何融合股東與經理的利益衝突，代理理論認為，對公司高管進行股權激勵，使其成為公司的所有者是對高管的一種激勵或者風險補償，高管成為公司所有者後，更有動機實施最大化公司股票價值的行為。Jensen & Meckling（1976）的研究表明，公司高管持有一定比例自己任職公司的股票能有效降低股東代理成本。Holmstrom & Milgrom（1987）發現，與業績線性關係的薪酬激勵方式是次優方式，股權激勵一方面可以融合高管與股東之間的利益衝突，另一方面可以減少監督成本，是一種雙贏策略。讓高管持有本公司股票有助於緩解客觀存在的信息不對稱所導致的代理成本矛盾（Yermack & Good，1997；Baker & Gompers，2003）。實施股權激勵將會導致公司支付更高的薪酬，但是這種高薪酬具有提高公司業績的效果（Morck et al.，1998）。對高管進行股權激勵讓其承擔一定的風險這種激勵方式，得到較多的學者實證支持。股權激勵有助於公司招聘更

優秀的人士擔任本公司高管，這些較高能力水平的優秀高管能夠選擇並實施有效的投資決策提高公司業績，高管自身通過股權激勵和股價上漲獲得相應的收益，達到有效融合高管利益與公司利益的目標。在充滿較多投資機會和高成長性公司的情況下，高管需要制定較多的投資決策導致董事會難以對其投資決策和行為實施有效監督（Murphy，1999）。在公司的成長機會方面，高管相對於公司的董事會來說具有信息優勢，導致董事會由於信息不足難以評價投資決策的優劣。Bizjak et al.（1993）研究指出，董事會由於缺乏信息難以評價高管投資決策的優劣，若公司成長機會較多可以將高管的股權激勵收益與市場回報結合，讓市場對高管的投資行為進行評價，一定程度上可以解決董事會直接監督高管的困難。Murphy（1999）進一步研究指出，在信息不對稱情況下，股權激勵可以作為一種「篩選器（Sizer）」，促使公司高管審慎選擇並實施有盈利的投資項目。股權激勵不僅可以促使高管選擇盈利項目，還有助於篩選有才能的高管，對於即將退休的高管，股權激勵有助於緩解其短視化行為（Dechow & Sloan，1991）。

（3）高管業績的衡量指標。

根據 Holmstrom（1979）的委託代理理論模型，高管薪酬由高管的努力程度和個人能力兩個因素共同決定，尋找具有信息含量的績效觀測指標是薪酬激勵的主要目標之一。由於高管的能力和高管的努力程度不可觀察，選擇公司業績作為高管能力和高管努力程度的衡量指標並據此設計薪酬契約得到多數學者的支持，即將高管薪酬設定為公司業績的函數，將公司業績作為決定高管薪酬的關鍵因素。高管的薪酬激勵由公司業績來決定，對於高管來說，提高公司業績是提升其薪酬水平的一種重要手段。在實踐中，衡量高管個人業績的代理指標有會計業績和市場業績。會計業績易受到人為控制和環境影響，噪音較大，使得董事會難以瞭解到公司的真實業績信息，而股價是公司高管薪酬契約的較優業績度量指標。當會計信息噪聲較大時，高管努力程度和高管的能力難以觀測，董事會可以通過股價表現來考核總經理的業績和努力程度，即將總經理的薪酬與股價表現進行關聯。高管的績效考核中，Bertrand & Mullainathan（2001）等研究表明，相對業績評價（Relative Performance Evaluation，RPE）是一種更為合理的評價方法。

2.1.2 薪酬契約的影響因素

為了避免代理人實施偏離股東利益最大化的經營決策，最優契約理論提出設置將高管薪酬與股東利益結合的薪酬契約，激勵高管實施最大化股東利益的

行為（Jensen & Meckling，1976）。最優薪酬契約是否有效，其前提依賴於董事會的談判能力、市場的約束效力和股東行使權力的有效性。大量的實證研究表明，高管薪酬受公司業績影響外，還受到股權結構、公司規模、董事會治理水平等公司特徵以及公司所處環境因素的影響。Ke et al.（2006）、杜勝利和翟豔玲（2005）等研究發現，大股東持股比例、負債比率、成長性以及公司規模同樣會顯著影響高管薪酬。Gordon & Parbudyal（2014）研究發現，公司的生命週期影響 CEO 的薪酬水平。

（1）公司特徵因素。

公司特徵顯著影響高管薪酬，因而可從公司層面尋找合理變量研究高管薪酬的決定因素，比如第一大股東持股比例以及大股東的性質、公司規模、公司風險、公司成長性等因素。

Shleifer & Vishny（1986）指出，大股東與公司之間存在協同效應，可以促使大股東加強對公司高管的監督和控制，能夠有效防範高管的道德風險問題。大股東的持股比例與其在公司中利益存在正相關關係，大股東持股比例越高，對公司高管進行監督和控制的動力越強。因此，大股東的持股比例會影響高管利用薪酬謀取私利的可能性。大股東監督具有重要作用，大股東監督一定程度上可以避免信息不對稱性程度，使得高管的自利行為難以實施。大股東利用手中的投票權能夠監督甚至參與高管決策的制定和實施，能夠阻止高管為了最大化自身利益而犧牲股東利益的行為（周俊仁和高開娟，2012）。大股東的這種監督行為源於其在公司中的利益，通過監督促使高管提升公司經營業績，從而獲得資本利得和紅利。徐曉東和陳小悅（2003）研究發現，當第一大股東為國家時，公司的經營活動缺乏靈活性、公司治理效率更低，使得國企高管面臨來自於公司內部和市場的監督較少。Kato & Long（2005）研究了不同所有權結構下中國上市公司高管薪酬問題，指出約束機制較弱的國有企業較少使用以業績為基礎的高管薪酬。Firth et al.（2006）、肖繼輝（2005）研究得出，民營企業高管比國有企業高管的薪酬業績相關性更強。陳冬華等（2005）的研究發現，國有企業存在薪酬管制導致高管激勵不足。然而，Firth et al.（2006）則認為，國有企業高管薪酬水平較高存在過度激勵問題。沈紅波等（2012）認為，國企控股不僅存在薪酬激勵水平問題，國企控股還影響高管的股權激勵效果。周建波和孫菊生（2003）研究高管持股問題，發現國企控股公司經營業績的提高與高管股權激勵增加的持股數量並不存在顯著的正相關關係。吳育輝和吳世農（2010）利用 2004—2008 年中國上市公司數據研究發現，高管的薪酬水平隨著其控制權的增加而顯著提高；相比國有企業，非國有企業

的高管更容易利用其控制權來提高自身的薪酬水平。

Rosen（1982）研究指出，在競爭性的經理人市場上，能力越高的高管更可能占據大公司的最高職位，並獲得與公司規模匹配的高薪酬。高管的薪酬分配受公司規模和監督困難程度影響，噪音越大的公司監督成本越高，監督成本越高的公司更可能支付高薪酬，規模大的公司對高管的能力要求相對更高，因而更可能支付較高的薪酬。陳震和丁忠明（2011）利用我國上市公司數據分析了高管薪酬與公司規模之間的關係，他們發現高管薪酬的影響因素中公司規模影響程度遠大於公司業績的影響程度，業績薪酬對高管薪酬的影響僅占全部薪酬的 0.5%~1%，規模薪酬的影響占比為 37%~47%，公司規模對高管薪酬的影響程度是公司業績對薪酬影響程度的 40~65 倍。王雄元和何捷（2012）認為，規模、行政壟斷以及業績是高管薪酬契約最主要的決定因素，高管的管理收益是企業規模的增函數。與經營業績相比，高管更容易通過擴展公司規模來獲取更高的規模報酬，使得高管薪酬即使在沒有良好的業績情況下仍然保持較快地增長。

根據薪酬契約理論，有效的薪酬激勵應該讓代理人和委託人共同承擔公司風險，經營者必須承擔環境不確定性導致的不好績效對其報酬的損害（Knight，1964）。公司風險作為高管薪酬的重要影響變量得到較多文獻的支持。Jensen（1993）指出，股東可以通過提高公司負債率來加大高管的破產成本，約束高管的自利行為從而實施最大化股東價值的行為。於是，在設計高管的薪酬契約時，董事會應該考慮高管承擔的風險。杜勝利和翟艷玲（2005）從業績薪酬的角度分析，發現風險與高管薪酬之間存在正相關關係，隨著高管承擔風險的增加，高管的報酬也隨之增加。對公司高管而言，負債具有剛性約束，公司負債比率越高其破產的風險越大。企業倒閉不僅會使高管失去目前所擁有的一切福利待遇，而且將對高管的職業生涯造成不利的影響，高管需要承擔新工作的搜尋成本以及新工作可能帶來的薪酬降低風險。理性的公司高管會盡量避免承擔破產成本，為了追求自身利益最大化選擇保守的資本結構，通過降低負債水平降低承擔破產成本的概率。王志強等（2011）將人力資本破產成本引入高管薪酬研究，發現我國上市公司普遍存在管理層防禦現象。一般來說，國有企業高管薪酬水平高於民營企業，國企高管承擔的風險水平高於民營高管，相比於所承擔的風險，國企高管的薪酬更高；同時，高管的人力資本破產成本由於資本結構的改變而增大，進而影響高管對自身薪酬的更高要求。劉運國等（2011）以我國 410 個 A 股 ST 上市公司為樣本，發現我國上市公司高管存在免於薪酬懲罰問題，公司業績信息異質性越高、權力越大的 ST 公司，

高管越有可能免於薪酬懲罰。但是，短期負債對高管免於薪酬懲罰具有抑製作用，即短期負債是上市公司高管不能免於薪酬懲罰的重要原因。

董事會是公司治理的核心，也是體現公司內部治理水平的一項重要機制。對公司高級管理人員的聘任、解雇和激勵以及對高管的決策行為進行授權批准和有效監督是董事會的主要職責（Fama & Jensen，1983）。董事會的獨立性影響董事會職能的實施效果，影響高管選聘和高管薪酬的談判能力，進而影響高管的薪酬水平和薪酬激勵效果。Eisenhardt（1989）認為，董事會如果擁有更多信息就能有效控制管理者的機會主義行為。董事會對經理人的信息掌握越充分更有助於瞭解經理人的行為，針對經理人行為和能力的薪酬設計就越有效。董事會成員的構成中，外部董事具有較好的獨立性，若董事會由外部董事主導則要優於內部董事主導，較多的獨立董事能夠增強高管更替與公司績效之間的敏感度。董事會的獨立性越好，公司採用相對業績評價方法考核高管績效的概率也越越高。董事會的部分特徵，如關聯董事、董事會文化、董事會成員的選聘、CEO 的權力等是影響董事會獨立性的關鍵因素，董事會特徵影響高管薪酬契約以及高管的激勵效果。Core et al.（1999）發現，隨著董事會中與公司或其高管有私人或業務往來的關聯董事數目的增加，支付的高管超額薪酬也隨之增加。Brick et al.（2006）則發現，經理人的超額薪酬與董事超額薪酬顯著正相關。Bebchuk & Fried（2003，2004）指出，從對經理人權威認可的文化和社會規範出發，董事通常不願出面阻撓經理人薪酬計劃，破壞自己與經理人之間的良好同事關係，導致經理人可以俘獲董事會和薪酬委員會成員，從而影響自身薪酬的設計並可能自定薪酬。Daily et al.（1998）、Cyert et al.（2002）等研究發現，董事的獨立性以及是否敢於發表反對經理人的意見受到董事是否是該經理人任命的影響；若董事會中薪酬委員會成員同時兼任另一家公司的經理人，出於對經理人的社會認同，該經理人會獲得更高的薪酬支付。楊青等（2010）研究了董事會特徵與高管薪酬機制之間的關係以及薪酬的激勵效果，指出董事會內部治理主要關注薪酬激勵不足問題，導致績效治理機制發揮效果較弱。Core et al.（1999）、Cyert et al.（2002）的研究證明，當總經理與董事長兩職合一，總經理在公司具有較大的權力，通過權力可能提高自己的薪酬水平，從而謀取控制權私利。總經理兩職兼任則更有可能任命支持他們的董事從而影響董事會的薪酬設計過程，進而提高獲得高報酬的可能性（周建波、孫菊生，2003）。

公司其他特徵，如公司的多元化程度、成長性等同樣影響高管的薪酬水平。公司的多元化增加公司 CEO 工作的複雜性，因此多元化與 CEO 報酬之間

存在正相關關係（杜勝利和翟豔玲，2005）。公司多元化會擴大公司的規模，而公司規模會對經營者報酬產生影響。Jensen（1986）發現，公司的成長機會影響高管薪酬，公司的成長機會影響公司的現金流，現金流寬裕的公司會支付給高管更高的薪酬。

（2）公司所處環境因素。

薪酬契約的成本受到多方面因素的影響，包括市場發育程度、制度環境、市場競爭程度等環境因素的影響，不同的環境因素決定了契約的不同成本，進而決定契約的地位（陳冬華等，2010）。

公司所處的地區環境影響高管的薪酬水平。與市場化程度較低地區相比較而言，市場化程度較高地區經理人的收入水平較高。辛清泉和譚偉強（2009）基於我國特殊的制度背景，研究發現：國企高管薪酬與公司業績之間的關係受到市場化進程的影響，市場化程度能夠增強薪酬業績敏感性。陳冬華等（2010）研究發現，中國地區間發展不平衡，各地區間市場化程度差異很大，市場化程度較高的地區公司按照市場化規則運行。夏立軍（2007）認為，如果公司的業績和高管的努力程度高度相關，那麼公司更有動機激勵高管提高公司業績。由於我國經濟發達程度存在地區差異，若上市公司處於中西部地區，因該地區經濟發達程度不高，當地職工平均工資較低，中西部地區的高管薪酬水平較東部地區的高管薪酬水平明顯偏低。

制度環境由政治、經濟、社會和法律規則構成。制度環境影響制度安排，是社會制度結構形成的基礎。針對現代公司制企業來說，適宜的制度環境可以協調高管與股東之間的利益衝突，提高公司治理效率並降低代理成本。Joskow et al.（1996）研究了電力行業公司總經理薪酬與公司特徵之間的關係，發現該行業總經理薪酬水平受到政府管制的影響，導致電力行業總經理薪酬顯著低於其他公司。較多學者實證發現，我國國企高管的薪酬激勵一定程度上受到政府管制的影響，扭曲了國企高管的薪酬激勵效果，如陳冬華等（2005）、辛清泉等（2007）、陳信元等（2009）等。運用制度經濟學的理論觀點，沈紅波等（2012）發現制度環境是管理層持股激勵發揮作用的重要前提，管理層持股激勵在競爭性的產品市場具有明顯的正效應，而在壟斷性市場管理層持股的激勵效應較弱。

如果公司經營所處的外部市場充分競爭，公司高管就會受到外部市場競爭的影響，促使自己努力工作提高公司業績。產品市場競爭程度不僅可以激勵高管努力工作，還可以向股東提供更加準確的公司業績與高管努力程度的信息。股東利用這些信息可以制定更為有效的薪酬激勵機制（Lazear & Rosen，

1981）。產品市場的競爭程度同時也是高管持股激勵的重要影響因素（沈紅波等，2012）。產品市場競爭程度可以通過標杆的方式傳遞高管經營業績和高管行為方面的信息（陳震、丁忠明，2011），壟斷企業的高管可以利用權力工具實施利己的薪酬方案。陳冬華等（2010）認為，被保護行業或壟斷行業由於價格機制相對失靈和存在更多的政府干預，高管努力與公司業績之間的關係往往變得模糊，導致高管貨幣薪酬契約呈現出更高的調查成本和實施成本。

2.1.3　薪酬契約的激勵效果

合理的薪酬契約被認為是協調委託代理關係的有效工具，Brick et al.（2006）認為，一種有效的薪酬框架應該起到對經理人的激勵作用，激勵經理人為股東利益努力工作。衡量薪酬契約有效性的重要工具是薪酬業績敏感性（Holmstrom & Milgrom，1991；Jensen & Murphy，1990），薪酬業績敏感性越高，激勵合約越有效（Minnick and Noga，2010）。諸多文獻實證結果表明，公司業績與高管薪酬之間存在顯著的正向關係，高管薪酬激勵能夠提高公司業績（Lewellen & Huntsman，1970；Morck et al.，1988）。將高管報酬與其經營業績掛勾的薪酬契約有助於減少代理成本（Jensen & Murphy，1990；Kaplan，1994）。

西方文獻對高管薪酬與公司業績關係的研究結論，呈現出「相關性弱或敏感性小」到「顯著正相關」的實證過程。Jensen & Murphy（1990）指出，高管的貨幣薪酬與經營業績間的敏感性極低，而 Brick et al.（2006）、Gabaix & Landier（2008）等的研究結論完全相反，發現高管的貨幣薪酬與經營業績之間存在顯著的正相關關係。隨著高管激勵程度的增加，高管工作的努力程度也將隨之增強，有效的薪酬激勵機制應該產生更好的公司業績。Lazear（1999）考察了股權激勵的效果，發現股權激勵有助於公司選聘優秀的公司高管，這些優秀的高管在提高公司業績的同時，自身利益獲得相應增長，從而使得高管利益與公司利益保持一致。股權激勵有助於將高管才能與高管薪酬掛勾，可以避免支付過高薪酬。

隨著研究的深入，國內學者對高管薪酬與公司業績間的相關關係呈現出「無顯著相關關係」到「顯著正相關」的研究過程。諶新民和劉善敏（2003）研究指出，我國上市公司高管的貨幣薪酬普遍偏低，薪酬激勵效果欠佳，使得高管貨幣薪酬與公司業績無顯著性關係。然而，杜興強和王麗華（2007）卻發現，高管貨幣薪酬與公司業績呈現出顯著正相關關係。李維安和張國萍（2005）指出，市場化進程有助於提高高管薪酬與公司業績之間的相關關係。

辛清泉和譚偉強（2009）也得出了同樣的研究結論，即隨著市場化進程的深化，高管薪酬業績敏感性逐步上升。吳育輝和吳世農（2010）研究發現，高管薪酬與 ROA 顯著正相關。楊青等（2010）以我國上市公司為樣本研究 CEO 薪酬與公司業績之間的關係，發現 CEO 薪酬與公司業績顯著正相關而且呈現較好的激勵後果，即在良好的外部環境監督下被激勵後的 CEO 能夠改善公司業績。謝德仁和陳運森（2010）研究指出，業績型經理人股權激勵計劃能夠增加股東財富增長，且行權業績條件要求越高，越有助於股東財富增長。方軍雄（2012）考察了高管超額薪酬與公司治理之間的關係，發現上期高管薪酬水平顯著影響到董事會隨後高管解聘或者薪酬調整的決策。如果上期高管獲得超額薪酬，下期高管解聘、高管薪酬變動與公司業績之間呈現較高的敏感性。在薪酬業績關係上，業績指標的選擇存在控制權差異，即國企高管薪酬與會計業績相關，而非國企高管薪酬與股票業績相關（Firth et al., 2006）。

最優契約理論假設董事會是有效代理人，在高管薪酬設計上充分反應股東利益。現實是董事會不完全有效，股東與董事會之間也存在代理問題（Jensen & Meckling, 1976），最終導致薪酬契約偏離最優契約的要求。Murphy（1999）對董事會進一步分析指出，董事會為了自身利益在主觀上願意與高管合謀選擇放棄控制高管薪酬，在客觀上不能完全控制高管薪酬契約的設計與執行過程。Jensen & Murphy（1990）通過研究美國公司高管薪酬變化對股東財富的邊際影響實證檢驗了高管薪酬激勵的效果，他們發現美國高管薪酬激勵效果甚微。Bebchuk & Fried（2002）研究認為，公司高管與董事會之間的關係偏離了最優契約理論假設和預期，董事會成員的構成以及董事會的決策受到高管權力的影響，使最優薪酬契約不能解決代理問題。公司高管為了最大化自身利益，有動機和能力影響自身薪酬的設計與執行（Bebchuk & Fried, 2004）。

然而，我國學者同樣發現薪酬激勵不完全有效，往往偏離最優契約的要求。羅宏等（2014）發現，簡單地將薪酬與業績掛勾的薪酬契約會受到業績噪音的影響，降低激勵的效應。權小鋒等（2010）認為，薪酬業績敏感性的提高並不能減少代理成本，薪酬契約本身是代理成本的一部分（呂長江和趙宇恒，2008）。吳育輝和吳世農（2010）研究表明，高管高薪並不能解決代理問題，反而提高了代理成本。我國上市公司高管在其薪酬設計過程中存在明顯的自利行為，使得高管薪酬缺乏激勵效果。高管腐敗是高管權力尋租的一種形式，一方面體現高管個體道德缺失，另一方面也反應出薪酬激勵缺乏效率（陳信元等，2009）。羅宏和黃文華（2008）研究表明，高管薪酬對高管並沒有起到激勵作用反而加劇了高管通過在職消費進行自我激勵。

对公司高管实施股权激励后公司期间费用上升、研发支出和利润反而下降，说明股权激励偏离最优契约设计的初衷，反而导致高管的短视化行为，股权激励的效果也遭到质疑。这一观点得到我国较多学者的支持，如辛宇和吕长江（2012）研究发现，股权激励兼具激励、福利和奖励三种性质；顾斌和周立烨（2007）指出，管理层持股的长期激励效应不明显，高管持股对公司业绩不存在显著影响。股权激励过程中，高管表现出较强的自利动机得到较多实证结论的支持，高管利用内部信息优势行使股票期权并获取较高收益。Bebchuk et al.（2002）的研究表明，高管权力能够影响股权激励方案的设计，导致股权激励方案偏离股东利益。吴育辉和吴世农（2010）发现，股权激励计划有利于高管行权并体现出明显的高管自利行为。

2.2 管理者权力的制约因素与经济后果

由于薪酬契约的「失效」，围绕高管薪酬的持续上涨以及超额薪酬问题，学者们开始从高管权力的视角进行研究。Bebchuk et al.（2002）最先提出管理者权力理论，他们认为，由于所有权与经营权分离，董事会和薪酬委员会往往被经理人俘获，其结果是经理人对自身的薪酬设计具有实质性影响，甚至可以自定薪酬。健全的公司治理机制能够有效约束高管权力，公司治理机制越弱则可能意味著高管权力越大。

2.2.1 管理者权力的内容

Finkelstein（1992）将管理者权力定义为管理者影响或实现关于董事会或薪酬委员会制定的薪酬决策的意愿的能力。他还从权力来源角度将管理者权力分为组织结构权力、所有权权力、专家权力和声誉权力。Lambert（1993）提出管理者权力模型，并将管理者权力按权力的内容分为组织地位、信息控制、个人财富和对董事会成员的任命四种权力。Bebchuk et al.（2002）研究高管权力并提出管理者权力理论，将管理者的权力定义为管理者对公司治理中的决策权、监督权和执行权的影响能力，这种权力能够影响管理者的薪酬设计，导致薪酬契约偏离最优状态。有效的公司治理机制能够有效遏制管理者权力的寻租行为和自定薪酬现象。相反，倘若公司董事会与股东权利运作缺乏对高管的约束，加上公司外部的经理人市场、资本市场和控制权市场存在固有的缺陷，高管薪酬契约便沦为管理者自利的工具。Bebchuk et al.（2002）也指出薪酬契约

在設計過程中如果能夠避免薪酬失效的因素，高管的薪酬契約不一定淪為管理者自利的手段，最優契約就具有存在的價值和有效性。高管權力能夠影響自身薪酬設計，導致權力性薪酬與公司業績不存在敏感性，高管薪酬缺乏激勵效果。在董事會持股比例較低的情況下，總經理對董事會的影響越大，則薪酬對總經理的激勵效果越差，說明公司高管不僅可以通過權力影響薪酬業績敏感性，還可以讓自己承擔低風險獲得高薪酬；或者對與自己等級相近、地域與總部接近以及在強勢工會中任職的職工支付高薪酬（Cronqvist et al.，2009），獲取間接收益（Bertrand & Mullainathan，1999）。

管理層權力越大，高管對董事的影響越大。由於董事會由股東任命並代理股東行使監督高管的職能，股東與董事會之間本身也存在代理問題（Bebchuk & Fried，2003）。相對於公司高管來說，董事會並不具有信息優勢，加上本身也是代理者，導致董事會在對高管進行薪酬契約設計時不能完全控制和執行薪酬契約，高管有能力和權力影響自身薪酬設計，權力越大的高管操縱自身薪酬的能力越強，獲得的超額薪酬就越多。Bebchuk et al.（2004）進一步分析了經理人對本公司董事是否能在下一輪董事任命中具有提名權，導致董事為了獲得連任有動機討好經理人。董事身分所代表的聲譽、豐厚回報以及良好的社會關係使得董事希望獲得連任。由於任職上的不獨立，董事會在經理人薪酬契約設計中可能表現曖昧並支付給經理人較高薪酬，其結果是作為股東利益的維護者，董事會在高管薪酬契約設計中不僅不能解決代理問題，反而引致更高的代理成本（吳世農、吳育輝，2010）。隨著我國市場經濟體制改革的深入，國有企業高管的權力逐漸增大。市場化經濟體制改革使得國企高管在企業擁有不斷增強的決策權或權威，這種權力或權威意味著高管掌握了公司資源的配置權。盧銳（2007）認為，國企高管的權力主要表現在企業的生產經營、投資、融資和人事方面的自主權。民營上市公司高管一般由民營股東或其家屬擔任。針對民營企業高管的權力，Bebchuk et al.（2002）認為民營企業高管具有天然的權威和較大的權力。

2.2.2 管理者權力的制約因素

管理者權力理論認為，管理者能夠有效利用其權力並實施自利行為的前提條件是缺乏有效的監督和約束。管理者的機會主義行為能夠變為現實的條件是公司治理結構缺乏效率。如果管理者權力受到公司治理結構的有效監督，那麼管理者的自利行為將無法實施。因為管理者雖然有能力和動機為自己設計高薪酬，但是如果缺少影響自身薪酬設計的權力或者管理者權力受到股東、董事會

等的約束以及經理人市場、資本市場、控制權市場等公司外部機制的監管約束，那麼管理者的自利行為同樣無法有效實施。Bebchuk & Fried（2005）還發現，社會「公憤」能夠抑制高管權力對高管薪酬的影響。

(1) 公司治理結構。

鐘寧樺（2012）認為，從某種程度上說，公司治理就是關於「權力」在企業內部的配置問題，公司治理結構失衡，公司高管更可能會越權。高管薪酬激勵的目的是降低代理成本，協調股東與高管之間的利益衝突。由於管理者權力的存在，薪酬激勵機制淪為管理者尋租的工具（Bebchuk et al.，2002）。為了掩蓋薪酬激勵過程中的自利行為，盈餘管理或操縱信息披露往往成為高管掩蓋自利行為的手段。陳震和丁忠明（2011）認為，當存在「強」董事會且董事會能夠有效維護股東利益時，高管薪酬的公司決定因素中表現為合理的規模權重和規模薪酬；如果董事會為了自身利益選擇與高管合謀，或存在強勢高管層時，高管薪酬的公司決定因素中表現為較大的規模權重和規模薪酬。王燁等（2012）考察了股權激勵計劃中公司治理機制對高管權力的影響，發現只有當公司內部治理機制較弱的情況下，高管才能夠通過影響股權激勵方案達到自利目的。

(2) 負債融資治理。

負債融資具有公司治理作用，有助於降低股東與管理者之間的代理成本。Jensen（1986）認為，負債融資可以抑制高管的過度投資行為，因為負債籌資需要定期向債權人支付利息，減少了公司高管可以控制的自由現金流。Diamond（1984）認為，銀行等主債權人在獲取企業信息時具有信息優勢，無需承擔較多的成本。Harris & Raviv（1990）提出，債務契約一定程度上能夠約束企業的經營行為，可以更為有效地監督管理者。負債融資可以約束公司高管的自利行為，促使高管按股東利益行事。在我國研究高管薪酬的文獻中，較多學者使用資產負債率來分析負債融資對高管薪酬或高管超額薪酬的治理效應，均得到較為一致的實證結果，即資產負債率與高管薪酬呈現出顯著的負相關關係，均傾向於認為負債對約束高管薪酬或高管超額薪酬具有顯著的效果，並得出負債融資是公司治理的一種有效替代機制（吳育輝、吳世農，2010；盧銳等，2011；陳勝藍、盧銳，2012；徐寧、徐向藝，2010；謝德仁、陳運森，2009；劉運國等，2011；陳駿、徐玉德（2012）等。姜付秀和黃繼承（2011）研究發現，負債和經理激勵對企業價值均具有正的顯著影響，負債與經理激勵對企業價值的影響具有替代作用。

(3）制度環境治理。

沈紅波等（2012）運用制度經濟學的分析框架，發現制度環境是管理者持股激勵發揮作用的重要前提，在競爭性的產品市場上，管理者持股激勵有明顯的正效應；而在壟斷性市場中，管理層持股的激勵效應較弱。企業產品的競爭程度對高管權力具有約束作用。陳震和丁忠明（2011）認為，壟斷企業高管運用管理者權力增加顯性權力薪酬，而完全競爭企業則增加隱性權力薪酬。徐細雄和劉星（2013）研究指出，總經理的權力強度越大，公司越有可能發生高管腐敗，總經理權力強度與公司高管腐敗行為之間的內在聯繫受到政府薪酬管制和市場化改革等制度因素的調節，其中，市場化改革則能有效緩解公司高管的腐敗行為，而政府薪酬管制非但未能緩解反而助長了公司高管的腐敗行為。

2.2.3 管理者權力的經濟后果

大量經驗證據表明，管理者權力越大越有動機和能力擴大公司規模，影響自身薪酬設計獲得超額薪酬，通過在職消費獲取更多的隱性收益（陳冬華等，2005、2011；呂長江和趙恒宇，2008；Cai et al.，2011；馮根福和趙宇航，2012），謀取超額薪酬（Bebchuk & Fried，2004；權小鋒等，2010），影響業績評價指標、掌握更多的資源（Jensen，1986；辛清泉等，2007），導致高管與員工之間過大的薪酬差距（盧銳，2007；方軍雄，2011；黎文靖和胡玉明，2012），甚至是赤裸裸的貪污、受賄、腐敗行為（陳信元等，2009；徐細雄和劉星，2013）。Bebchuk & Fried（2004）研究發現，權力大的公司高管有能力通過影響薪酬設計過程或者操縱薪酬業績敏感性，直接獲得更高薪酬給付。權力大的 CEO（Chief Executive Officer，意為首席執行官）通過直接或者間接影響董事會對自身業績的評價，使得考核指標向 CEO 更擅長的方面傾斜。權小鋒等（2010）的研究表明，從薪酬業績敏感性來看，管理者權力越大，薪酬與操控性業績之間的敏感性越高，隨著權力的增長，管理者會傾向於利用盈余操縱獲取績效薪酬；管理者權力越大，公司盈余管理的動機就越強。管理者權力是導致高管與普通員工薪酬差距的主要原因，管理者權力越大的公司，其高管與員工之間的薪酬差距越大（盧銳，2007；黎文靖和胡玉明，2012）。方軍雄（2011）發現，我國企業存在因管理者權力而導致的薪酬尺蠖效應，使得上市公司高管與職工薪酬差距拉大。同時，管理者權力還會影響股權激勵的效果。

管理者權力理論認為，股權激勵不是解決代理問題的有效途徑，與之相反

的是股權激勵成為代理問題的一部分，淪為管理者尋租的一種途徑（Bebchuk et al., 2002）。在「管理者權力論」下，公司並非為降低代理成本實施股權激勵，而是由於缺乏現金等非激勵因素（Core & Guay, 1999），或者是缺乏對高管的必要約束（Bertrand, 2000）而實施股權激勵計劃。呂長江等（2009）對我國上市公司股權激勵計劃具體條款進行研究后發現，股權激勵計劃既存在激勵效應也存在福利效應，相對於激勵型公司，福利型公司管理層約束機制顯著較弱。吳育輝和吳世農（2010）發現，我國股權激勵計劃存在設置寬鬆的考核指標，其實質是管理者自利行為的體現。王燁等（2012）以 2005—2011 年期間公告或實施股權激勵計劃的上市公司為樣本，研究發現管理者權力越大，股權激勵計劃中會設定相對越低的初始行權價格。也就是說，公司高管可能會在股權激勵計劃中利用其對公司的控制權影響股權激勵方案的制定。不少研究者還發現，高管繼任過程中存在高管互惠職工的政治動機，以獲得繼任並實現自我利益（陳冬華等，2011），具有「塹壕」動機的高管會通過向職工支付高工資享受控制權私利（Cronqvist et al., 2009）。陳冬華等（2011）研究了高管繼任過程中的自利行為，發現高管繼任過程中存在互惠職工的政治動機，高管與職工之間的隱性契約通過「自我執行」達到「互惠」的目的，表現為職工工資得以增長，高管獲得繼任並實現自我利益。但是，這種高管與員工之間的「互惠」行為損失了公司利益，結果是這種政治動機導致的工資增長損害公司的持續發展，只有經濟激勵動機的工資增長才會對公司未來業績具有正面激勵效應。Cronqvist et al.（2009）發現，具有「塹壕」動機的高管會通過向職工支付高工資享受控制權私利。Pagano（2005）指出，當高管和股東之間的利益衝突較大時，高管通過向員工支付高工資與職工形成同盟。

2.3 超額薪酬的決定因素與經濟后果

高管超額薪酬的出現引起理論和實務界的持續關注，關於超額薪酬的度量、形成原因以及超額薪酬的經濟后果等方面的研究成果頗為豐富。

2.3.1 超額薪酬的內容

（1）超額薪酬的定義。

高管超額薪酬（Over Compensation）是指高管利用手中的權力和影響尋租而

獲得的超過公平談判所得的收入（Bebchuk & Fried，2003）。① 理論上，只有經理人利用手中的權力以損害股東的利益為前提獲得的與企業績效不對稱的薪酬才能稱為超額薪酬（鄭志剛、孫娟娟等，2012）。② Core et al.（1999）認為，合理的薪酬水平只能由客觀的經濟因素決定，而薪酬中與董事會特徵和持股結構相關的部分很可能是人為操縱的結果，因而應該屬於經理人的超額薪酬。

（2）超額薪酬的度量。

高管薪酬是高管能力和努力程度的結果，選擇不同的可比標準會產生不同的高管超額薪酬度量方法，並得到不同的度量結果。目前，學術界對公司高管超額薪酬的度量有兩種方法：一是 Core Model（1999，2008）；另一種是 Brick Model（2006）。Core et al.（1999，2008）將客觀的經濟因素決定的薪酬視為合理薪酬，而將非經濟因素決定的薪酬視為高管的超額薪酬，即公司高管的「超權力薪酬」。Core et al.（1999）設計了管理者的薪酬決定模型，分年度和行業對模型進行迴歸得到迴歸系數，從而構建迴歸模型，計算各公司高管薪酬的殘差，將殘差視為管理層的額外薪酬，屬於高管的非合理薪酬。我國學術界更多地採用 Core Model 度量公司高管的超額薪酬，如吳聯生等（2010）、權小鋒等（2010）、吳育輝和吳世農（2010）、方軍雄（2012）等。吳聯生等（2010）採用 Core 模型考察了我國上市公司總經理的薪酬公平性問題，他們利用額外薪酬反應高管薪酬公平程度。我國還有部分學者利用 Core Model，將高管的實際薪酬運用經濟因素解釋后正余額部分作為超額薪酬（馬連福等，2013）。Brick et al.（2006）將無法用合理變量予以解釋的部分薪酬視為高管的超額薪酬。鄭志剛等（2012）採用 Brick Model 度量高管的超額薪酬。步丹璐等（2010）認為，用高管薪酬中的額外薪酬來反應高管薪酬的不公平程度或超額薪酬，超額薪酬度量的準確性受到模型設計、變量選擇和迴歸結果的影響。在借鑑文獻研究的基礎上，步丹璐等（2010）提出了衡量高管薪酬公平性的三種方法：一是從高管個體特徵角度，運用有效工資理論、公平理論等衡量高管薪酬的公平性；二是從公司特徵的視角，運用最優薪酬契約理論衡量高管薪酬的公平性；三是綜合高管特徵和公司特徵衡量高管薪酬的公平性。

---

① Bebchuk L. A., J. M. Fried. Executive Compensation as An Agency Problem [J]. Journal of Economic Perspectives, 2003, 17 (3): 71-92.

② 鄭志剛，孫娟娟，R. Oliver. 任人唯親的董事會文化和經理人超額薪酬問題 [J]. 經濟研究，2012 (12): 111-124.

2.3.2 超額薪酬的決定因素

對高管超額薪酬的研究源於對公司未來業績產生的影響和外部社會公平性影響,以往的研究多從制度因素導致董事會等監督作用無效加以解釋。歸納起來,現有文獻對於高管超額薪酬的決定因素主要有以下兩種觀點:

(1) 管理者權力觀。

現有文獻對高管超額薪酬的研究較多採用管理者權力理論進行研究,一般以行業平均或同類型公司作為可比標準來度量公司高管是否存在超額薪酬,超過行業平均或可比公司高管薪酬水平的就認為高管獲得了超額薪酬。Bebchuk 等學者開創的管理者權力理論認為,公司高管可以通過俘獲董事會和薪酬委員會,使其能夠為自己制定薪酬,甚至獲得超額薪酬(Bebchuk & Fried, 2003; Bebchuk et al., 2002, 2010)。Jensen(1993)注意到,一個公司的董事會受到其本身文化傳承的影響,這種文化因素可能影響董事會的行為並可能實施違背股東利益的行為。Brick et al. (2006) 運用美國上市公司數據研究了經理人超額薪酬與董事超額薪酬之間的關係,發現兩者出現顯著的正相關關係,也就是說,如果公司業績較差而總經理反而獲得超額薪酬其可能的原因在於任人唯親的董事會文化。Core et al. (1999) 研究董事會固有文化的表現形式及其對高管超額薪酬的影響,發現與公司或高管具有較好的私人關係或者業務關係的關聯董事在董事會中的占比越高,高管獲得超額薪酬的可能性就更大。國內學者傾向一致的研究結論認為,高管超額薪酬是高管權力的結果,高管權力越大獲得的超額薪酬越多。權小鋒等(2010)、鄭志剛等(2012)研究發現,高管超額薪酬是高管權力的結果,高管權力越大獲得的超額薪酬越多。吳育輝和吳世農(2010)、黎文靖和胡玉明(2012)、王雄元和何捷(2012)、羅宏等(2014)等也發現了類似的結果。陳震和丁忠明(2011)對我國壟斷企業高管獲得「天價」薪酬的原因解釋為壟斷企業高管利用權力獲得了與規模相關的隱性權力薪酬。王燁等(2012)、肖星和陳嬋(2013)等研究股權激勵計劃中高管超額薪酬問題,認為管理層權力越大,股權激勵計劃中行權條件就越低;績效考核指標設計過於寬鬆,便於管理層獲得和行使股票期權。陳震和丁忠明(2011)檢驗了公司規模、公司業績與高管薪酬的關係,得出的研究結論是,高管薪酬中不合理的規模權重是壟斷企業高管獲得高薪酬的直接原因,壟斷企業高管獲得超額薪酬的本質原因是沒有得到約束的高管權力。方軍雄(2009)研究了高管權力與高管薪酬的關係,發現我國上市公司高管薪酬在高管權力的作用下存在較強的粘性,即薪酬的增長幅度在業績上升時顯著高於業績下降時

薪酬的減少幅度。

（2）高管能力觀。

Fama（1980）運用有效契約理論分析高管薪酬的影響因素，並認為，如果存在競爭性的經理人市場，在控制公司所處的行業和公司規模等變量後，若高管獲得了比市場平均水平更高的薪酬則反應該高管具有較高的能力；董事會支付的薪酬水平越高則說明該高管的能力越強。在兩權分離背景下，代理股東經營企業的高管具有不同特徵，高管的能力水平以及高管的風險偏好存在顯著差異，每一個公司所處的經營風險也存在差異，這些差異的客觀存在導致高管的薪酬也應該相機而定（Shen et al., 2010）。也就是說，高管薪酬設計應考慮高管的能力水平、風險偏好以及經營任務的複雜程度，高管高薪一方面反應為優良業績的回報，另一方面體現公司對高管高能力的期望（Bizjak et al., 2008；Wowak et al., 2011），高管的高薪一定程度上代表著高管的高能力（方軍雄，2012）。Kaplan & Minton（2006）研究發現，美國上市公司過去40年中高管薪酬持續上漲以及超額薪酬形成的原因解釋為高管能力水平提高的反應和高管承擔高風險的補償。李維安等（2010）則認為，高管薪酬水平由市場力量和公司特徵共同決定。高管薪酬的持續上漲對於能力型高管來說是經理人市場對高管才能競爭性需求的結果，對於權力型高管來說則意味著公司治理機制沒有發揮有效的抑製作用。如果一個公司經營業務複雜、規模龐大而且具有較好的增長潛力，在競爭性經理人市場上，公司為了招聘有才能的經理人擔任高管會支付較高的薪酬給有才能的高管。根據人力資本理論，高管專用性人力資本是企業稀缺性資源，高管薪酬是對高管稀缺性人力資源的合理補償。James & Marua（2003）運用高管獨特的人力資本分析人力資本對高管薪酬的影響，發現高管獨特的人力資本是高管薪酬上漲的重要因素。依據戰略資源學派的觀點，高管所擁有的特殊管理技能具有價值、稀缺、難以替代、難以模仿的特性（Wernerfelt, 1984；Barney, 1991），是珍貴的戰略資產（Amit & Schoemaker, 1993），理應獲得較高的市場回報。Carpenter & Wade（2002）發現，不同公司特徵下高管工作的類型會影響高管的薪酬水平。如產品創新型企業負責研發的高管薪酬水平較高，重視市場銷售的公司負責行銷的高管收入水平較高。蘇方國（2011）發現，高管晉升競爭會影響高管的薪酬水平，支付高薪酬的目的是讓有才能的高管在晉升競爭中勝出，此時，高額報酬是對高管較高人力資本的回報。

2.3.3 超額薪酬的經濟后果

經理人超額薪酬是經理人利用權力和影響尋租而獲得的超過公平談判所得

的收入（Bebchuk & Fried，2003）。根據該定義可以推測，權力影響下的高管超額薪酬其實質是侵占股東利益，致使公司未來業績受損。同時，超額薪酬影響社會公平正義，導致貧富差距擴大。吳育輝和吳世農（2010）研究了高管超額薪酬對代理成本的影響，發現上市公司高管薪酬與管理費用率顯著正相關，與資產週轉率顯著負相關，指出高管超額薪酬不僅不能降低代理成本，反而成為代理成本的一部分。黎文靖和胡玉明（2012）分析高管超額薪酬對薪酬差距的影響，指出若高管利用權力自定薪酬其后果將導致高管與職工之間的薪酬差距不斷擴大。方軍雄（2011）則指出，高管超額薪酬容易產生和執行不對等的職工薪酬契約。這一觀點獲得較多文獻結論的支持，盧銳（2007）研究發現，高管與職工之間的薪酬差距受到高管權力的影響，即高管權力越大公司內部高管與職工的薪酬差距也就越大。方軍雄（2011）發現，我國上市公司存在薪酬尺蠖效應，高管權力使得公司高管與職工薪酬差距出現逐漸拉大的趨勢。

2.4 高管與組織環境的匹配

組織理論學者曾經提出，環境異質性差異影響公司特徵，公司特徵差異會影響高管的選聘。這使得公司高管表現出不同的特質差異。也就是說，情景因素會使得公司呈現不同的特點，不同特徵的公司會選擇具有不同背景特徵和技能水平的人擔任公司高管（Pfeffer & Salancik，1978）。情景因素包括公司特徵和環境特徵（Datta & Guthrie，1994）。對高管與組織環境的匹配上較多的文獻研究公司特徵對高管特點的影響，如 Datta & Guthrie（1994）。公司高管是企業最重要的人力資源（Hambrick & Mason，1984），在公司戰略制定和執行中高管擁有較高的權威（Hambrick，1989）。人力資本理論認為，高管與企業之間的情景匹配尤為重要，這不僅影響高管才能的有效發揮，還會影響高管薪酬、企業發展以及企業的價值（Datta & Rajagopalan，1998）。同時，高管與企業的匹配還受到環境因素的影響（Pfeffer & Salancik，1978）。Hambrick & Mason（1984）研究指出，管理者的年齡、教育背景、工齡等個體特徵影響高管的心理認知，導致高管在經營企業中存在決策偏好進而影響公司的產出水平，且高管的個體差異導致高管不容易被替代。萬鵬和曲曉輝（2012）認為，公司管理者的異質性對公司的決策有不可忽視的作用。

2.4.1 高管與組織的匹配

組織在經營過程中會基於公司發展戰略選擇與其戰略相匹配的人擔任高管，如公司定位為探索型戰略則高管的選聘上會偏好高管是否具備市場行銷或產品研發背景（Hambrick，1981）；如果公司戰略定位於技術優勢，比較重視研發能力，則高管的選聘上將更關注高管的技術背景和正規教育水平（Datta & Rajagopalan，1998；Guthrie & Olian，1991）；如果公司規模較大、業務經營複雜，在高管的選聘上會更傾向於本企業內部產生高管，考慮是否熟悉本企業的經營業務以及在本企業工作的年限（Datta & Rajagopalan，1998）。另外，規模較大的企業容易將權力配置制度化和高管更替制度化（Guthrie & Olian，1991），因為企業內部有高管更替方面的人才貯備（Pfeffer & Moore，1980）。企業的業績同樣影響高管選聘，企業績效越差越希望從外部選聘高管來改變現狀（Datta & Guthrie，1994）。組織在很大程度上是高層管理者個人特徵的反應（Hambrick & Mason，1984；Hambrick，2007），公司的權力結構會影響公司行為（Hail & Leuz，2009）和公司政策與制度的執行效率（Finkelstein，1992）。

2.4.2 高管與環境的匹配

上市公司並非獨立於所處的外部行業、經濟、制度、國際化等市場環境，要受到外部市場環境因素的約束和影響，並隨著外部環境約束呈現出一種狀態依存關係。上市公司維持這種狀態依存關係的是公司戰略與公司行為，而做出戰略調整並隨著環境變化及時調整公司行為的是公司高管。因此，公司高管與公司所處環境之間的匹配尤為重要，是企業能否持續健康發展的關鍵。相應地，公司所處的環境因素也會影響高管能力發揮的水平。因此，高管能力發揮的效果以及為企業創造的價值也受到環境因素的影響。

（1）環境影響。

按照組織理論學者的觀點，環境的差異影響組織對高管人員的選擇，為使組織與環境更加匹配，組織情景傾向於選擇合適的管理者來應對環境的變化。環境變化會使公司確立不同的商業價值觀，導致高管的權力配置呈現差異（Crossland & Hambrick，2011）、高管的選聘機制發生變化（Fredrickson et al.，1988），從而導致高管個體特質呈現差異（Finkelstein et al.，2009）。薪酬契約的成本受到多方面因素的影響，包括信息環境、市場發育程度、法律環境等環境因素的影響。不同的環境因素決定了契約的不同成本，進而決定契約的地位。Datta & Rajagopalan（1998）發現，產品的差異化程度與 CEO 的個體特徵

呈現差異，公司產品差異化程度越高，CEO受教育的水平越高，CEO任期越短。Guthrie & Olian（1991）發現，發現公司所處行業越穩定其高管的任期就越長。

（2）制度影響。

制度因素同樣影響高管與組織的匹配。制度被定義為影響組織行為的「一類獨特要素」（Scott & Davis, 2007），制度既包括正式的法律法規，也包括非正式的習俗、文化等約束。North（1990）指出，制度的功能在於通過制度設計構造人們的交易行為或影響人們的交易行為。環境的不確定性會給制度帶來壓力，制度壓力受政府與市場的關聯度的影響。政府與市場的關聯度越高則政府對企業的控制就越強，政府對企業的關係表現出更為直接和明顯的干預行為和干預動機。張建君和張志學（2005）認為，如果企業對政府控制的資源依賴度越高，則企業面臨的政策風險就越大。制度因素決定了企業面臨的情景壓力，為了應對壓力，具備不同特點的人員會被選為高管（李茜和張建君，2010），即情景因素與高管之間的「匹配」會要求不同情景下的組織根據自身特徵選擇不同背景和技能人員擔任高管。Fligstein（1990）研究發現，企業高管的功能性背景隨著「控制概念」的變化而變化，即反應高管與公司特徵的匹配。Thornton & Ocasio（1999）研究指出，組織的主導制度決定高管特徵。公司自身的公司特徵與外部制度的匹配度越好，更容易得到制度上的支持。相反，如果組織忽視外部制度要求就會喪失存在的合法性（Meyer & Rowan, 1977）。組織與制度的匹配固然重要，但組織並非消極服從。組織也可以通過戰略調整、高管更替等行動應對制度壓力（Ocassio & Kim, 1999；Peng, 2003）。政府監管對公司高管的股權激勵決策同樣產生影響，Yermark（1996）研究發現，屬於監管行業的公用事業單位選擇股權激勵的動機最弱。沈紅波等（2012）運用制度經濟學理論也得到同樣的研究結論，即制度環境是高管持股激勵發揮作用的重要前提，在競爭性的產品市場上，管理者持股激勵有明顯的正效應，而在壟斷性市場中，管理者持股的激勵效應較弱。

2.5 文獻述評

薪酬契約被認為是協調股東與高管之間利益衝突的重要工具，對高管的薪酬激勵能夠促使高管努力工作，最大化股東價值。根據高管的能力和努力程度來設置薪酬契約被認為是最有效的激勵方式。如何衡量高管的能力和努力程

度？由於股東與高管之間存在信息的非對稱性，因此直接衡量高管的能力和努力程度無法實現，利用公司業績考核高管的努力程度和能力水平被認為是合理的度量方式。圍繞高管業績的考核指標的選擇，會計業績還是市場業績，單一指標考核還是多元化指標，企業內部業績評價還是參考同行、同規模公司進行相對業績評價等問題，學界傾向於採用會計業績和市場業績相結合，並參考同行進行相對業績評價來客觀度量高管的業績水平。針對高管薪酬激勵的內容，較多學者從貨幣薪酬、股權激勵、在職消費等高管薪酬激勵的后果予以論證，並認為高管的激勵應該綜合短期激勵和長期激勵、顯性激勵和隱性激勵，設置貨幣薪酬與股權激勵相結合的薪酬契約。然而，代表股東利益考核高管業績，並設置薪酬契約的董事會本身存在代理問題，導致不能完全按股東利益行事。董事會成員決策中往往受到社會比較、行為因素、董事會文化、董事會成員的經濟利益以及董事會的獨立性等因素的影響，導致薪酬契約往往偏離最優契約的要求。薪酬契約要想達到最優，首先需要滿足一系列條件，比如董事會治理有效、經理人市場、產品市場充分競爭、資本市場健全以及有效的股東訴訟途徑。這些條件現實中得不到滿足，導致公司高管能夠俘獲董事會自定薪酬，影響或決定董事會成員的選聘。

最優薪酬契約的有效性遭到學術界與實務界的質疑，因為高管能夠影響董事會的決策，甚至自定薪酬。從高管權力的視角解釋高管薪酬、高管權力的產生、高管權力的約束因素以及高管權力的經濟后果等問題引起研究者們持續關注，且取得了豐富的研究結果。針對高管超額薪酬產生的原因，學界從薪酬契約視角、高管權力視角、高管能力視角以及薪酬契約締約過程中當事人的行為視角給予分析和解釋。

縱觀國內外研究文獻，目前的研究存在三「多」三「少」現象：

（1）在研究內容上，對組織因素關注多，對人力資本關注少。現有高管薪酬的研究文獻中，多數研究者採用組織因素來解釋高管薪酬（Finkelstein & Hambrick, 1989[1]；Chalmers et al., 2006；萬媛媛等，2008），鮮有學者將人力資本因素引入高管薪酬以及高管超額薪酬的研究。即使有學者考慮到高管特徵對高管薪酬的影響，也只是簡單將高管的學歷、年齡、任期等引入多元線性迴歸模型，缺少對高管人力資本因素的系統性思考。

（2）在研究層面上，單一層面研究多，多層或分層研究少。高管個人是

---

[1] Finkelstein S., D. Hambrick. Chief Executive Compensation: A Study of the Intersection of Markets and Political Processes [J]. Strategic Management Journal, 1989, 10 (2): 121-134.

鑲嵌在組織中的，高管薪酬本質應從個體層面分析薪酬補償，而現有研究中多從組織層面分析組織因素對高管薪酬的影響。高管薪酬問題本質上是一個跨層次的問題（蘇方國，2011），如果一個跨層次的問題僅從單一層面利用傳統方法進行迴歸方法可能會導致層次謬誤（張雷等，2003；林鉦琴和彭臺光，2006；Raudenbush & Bryk，2007）。目前高管薪酬的研究中，通常將高管個人因素、組織因素和環境因素三個層面的變量放在同一層面進行迴歸（Harris & Helfat，1997[①]；James & Marua，2003；蘇方國，2011），存在研究層次上的不足。

（3）在超額薪酬的研究上，對高管權力研究多，對高管能力研究少。已有文獻多從高管權力的視角進行實證分析，傾向性認為高管的超額薪酬是權力薪酬。Fama（1980）認為，高管超額薪酬是高管超常能力的報酬或期望，然而鮮有學者從高管能力的視角研究高管的超額薪酬問題。有學者認為高管個體能力存在差異，高管薪酬是企業對稀缺性人力資本高度競爭的結果。高管薪酬應該對高管的能力給予合理補償，才能促使高管有效發揮其管理才能且為公司價值增長和股東財富最大化而努力工作。從高管能力的角度分析，高管的超額薪酬可能是高管超常能力的合理報酬，但是該理論觀點缺乏系統性研究和經驗證據支持。

---

① Harris H. and C. Helfat. Specificity of CEO Human Capital and Compensation [J]. Strategic Management Journal，1997，18（11）：895-920.

3 理論借鑑與分析框架

3.1 理論基礎

3.1.1 委託代理理論

委託代理理論是現代經濟學和管理學研究中最重要的理論之一。早在200多年前，Smith（1937）在其經典著作《國富論》[1]中就說道：要想股份公司的董事們像私人合夥公司那樣監視錢財的用途，避免疏忽和浪費，是很難的。這是亞當·斯密對委託代理問題存在以及危害的最早論述。

（1）委託代理理論與代理問題。

Berle & Means（1932）開創性指出，古典企業中企業的所有者與經營者合一，這種身分合一的經營方式存在很大的弊端，認為所有權與經營權分離是有效的經營方式。[2]至於所有權與經營權的配置，他們建議所有者保留剩餘索取權，經營者獲取經營權，這就產生了「委託代理關係」。委託代理關係本質是一種契約關係，並普遍存在於現實經濟社會中。在上市公司中，股東授權公司高管行使自己的部分權力並以他們的利益從事一定的生產經營活動，而公司高管則通過委託代理關係獲得相應的報酬。委託代理關係的產生源自於企業規模和經營範圍的擴大，導致企業的經營活動日益複雜，所有者由於自身的知識、能力等條件限制不能經營管理企業的各項活動，需要聘請具備管理才能的代理人代理其經營企業。在所有者與經營者之間的委託代理關係中，所有者是委託人，經營者成為受託人或代理人。委託人追求自身財富最大化，而代理人則追求個人收入、閒暇時間以及在職消費的最大化，由於兩者的目標不一致必然存

---

[1] 亞當．斯密. 國富論[M]. 唐日松，等，譯. 北京：華夏出版社，2005.
[2] Berle A., G. Means. The Modern Corporation and Private Property [M]. New York: Macmillan, 1932.

在利益衝突。在委託代理關係中，如果不存在信息不對稱也就不會產生代理問題。當存在信息不對稱的時候，代理人會因為其行為難以被委託人觀察和監督而實施自身利益最大化的行為，從而偏離委託人的利益目標。此時，如果存在有效的制度安排，則代理人的自利行為可能被監督和約束，但當缺乏有效的制度安排時，代理人的這種損害委託人利益的行為最終導致代理問題。

委託代理關係不一定產生代理問題。當委託人與代理人目標一致，委託人完全理性、完全信息、不存在監督成本以及代理人的機會主義行為，就不會產生代理問題。假設委託人完全理性，那麼在委託代理關係中委託人可以通過簽訂詳盡的契約條款，使契約條款盡可能充分反應代理人所有可能發生的機會主義行為，但是由於信息不對稱，委託人無法做到完全理性。如果委託代理雙方目標完全相同，委託人對代理人的監督不需要消耗成本，代理人沒有機會主義動機，代理問題就不會發生。然而，現實經濟社會中，這些前提條件很難成立，導致代理問題普遍存在，尤其是股東與企業高管之間的代理問題。

(2) 代理成本與高管激勵。

Jensen & Meckling (1976) 在其經典論文《企業理論：管理者行為、代理成本與所有權結構》中對代理問題進行了詳細地研究，並提出代理成本的概念。[①] 他們對代理人擁有完全產權、部分產權以及零產權情況下的成本、收益以及企業價值進行比較研究，當代理人僅擁有企業部分產權時，他努力工作只能獲得部分利潤而需要承擔全部成本，若他選擇在職消費可以獲得在職消費帶來的全部收益而僅承擔部分成本，從收益成本上比較，代理人會選擇在職消費獲取更高的收益。此時，由於代理人偏好職務消費獲取個人收益最大化，企業價值受損。Jensen & Meckling (1976) 將代理人擁有完全產權時企業價值與不具有完全產權時企業價值之間存在的差異稱為「代理成本」，並將代理成本分為委託人的監督成本、代理人的擔保成本和剩餘損失三個部分。

現代公司制企業由於股東與高管之間的利益不一致，存在信息不對稱、高管的機會主義行為以及股東的監督成本等因素，導致股東與高管之間的代理問題尤為突出。對公司高管的薪酬激勵被認為是解決代理問題的一種方式，特別是根據高管的能力和努力程度確定高管薪酬。鑒於高管的能力和努力程度不可觀察，理論和實務界普遍認為公司業績是衡量高管努力程度的有效指標，提出依據業績設置薪酬，並用薪酬業績敏感性來衡量對高管的激勵效果。然而，隨

---

① Jensen M. C., W. H. Meckling. Theory of the Firm: Managerial Behavior, Agency Costs and Ownership Structure [J]. Journal of Financial Economics, 1976, 3 (4): 305-360.

著公司業績與高管薪酬的弱敏感性、運氣薪酬以及超額薪酬等現象與理論預測的背離，人們發現薪酬業績敏感性依然不能解決代理問題。薪酬契約受到薪酬持續上漲以及超額薪酬等問題的困擾，超額薪酬成為高管自利、貪婪的代名詞，高管超額薪酬不僅不能解決代理問題，反而引致更高的代理成本。高管與股東之間的代理關係本質上是一種契約關係，借助契約理論有助於全面瞭解薪酬契約的特點和設置有效的薪酬條款。

3.1.2 契約理論

Fama（1980）在其經典論文《代理問題和企業理論》中將企業看成是一種「契約集合」，將企業的所有權與經營權的分離解釋為經濟組織的有效形式。張五常（1983）根據企業的契約性質，提出現代企業是一系列契約的凝結。Jensen & Meckling（1976）根據企業的合約性質，將委託代理關係作為契約關係並視為企業合約關係的一部分。根據《牛津法律大辭典》，契約是指兩人或多人之間為設定合法義務而達成的具有法律強制力的協議。

（1）完全契約與不完全契約。

完全契約是指締約雙方能夠完全預見契約期內可能發生的重要事件，願意遵守雙方所簽訂的契約條款，當締約方存在爭議時第三方能夠強制締約雙方執行契約條款（Grossman & Hart，1986）。[1] 完全契約要求具備一系列嚴格條件，然而現實中這些條件無法滿足，締約各方並不能簽訂完全契約。由於個人的有限理性，外部環境存在不確定性和複雜性，加上信息的非對稱性和不完全性，契約各方或契約仲裁者無法觀察和證實一切，設置不完全契約條款或者設計不同的機制或制度來對付不完全契約，處理由契約條款引發的不確定性事件。Klein（1980）將不完全契約產生的原因歸結為契約各方有限理性和存在交易成本。[2] 不確定性的存在導致大量可能的偶然因素，如果預先瞭解和明確這些可能的偶然因素則需要承擔高昂的成本。為了契約條款盡可能與未來的情況相符合，盡量減少機會主義行為發生的可能性，契約條款可以限定一個最優的自我強制執行契約的區域。事前的契約條款中盡量考慮機會主義發生的概率，並充分考慮事后的再談判行為，事前契約條款中的淨效應盡可能很小。

（2）高管薪酬契約的不完全性。

---

[1] Grossman G., O. Hart. The Costs and Benefits of Ownership: A Theory of Vertical and Lateral Integration [J]. Journal of Political Economy, 1986, 94 (4): 691-719.

[2] Klein B., K. B. Leffler. The Role of Market Forces in Assuring Contractual Performance [J]. Journal of Political Economy, 1981, 89 (4): 615-641.

激勵契約是現代契約理論研究中的一個重要領域。激勵契約是指委託人採用一種激勵機制誘使代理人按照委託人的意願行事的一種條款。在現代公司制企業中，股東採取一定的激勵手段引導高管努力為自己工作，這樣才能實現股東價值最大化。激勵契約的目的是通過支付較高的工資給效率高的代理人並吸引能力強的高管擔任本公司高管。張五常（1969）採用計件工資分析激勵契約，由於個人能力的參差不齊，付出努力多的人會得到較高的報酬，並提出按相對產出支付報酬是激勵契約的一種形式。[1] 根據產出來支付報酬，Lazear & Rosen（1981）設想若存在一個競爭性的勞務市場，勞動者之間相互競爭，具有較高生產率的勞動者得到較高的產出，通過擴大高低收入的差距，促使勞動者增加努力程度，以勞動者的邊際成本與邊際收益相等作為收入差距設計的原則。這一思想在經理人市場和薪酬錦標賽理論中得到充分的運用。[2] Holmstrom（1982）則認為，如果產出水平是可以觀察的，那麼報酬就可以建立在產出的平均水平之上。[3] 依據 Holmstrom 的薪酬契約思想，在公司高管薪酬契約中，董事會選擇薪酬參照點來為高管設置薪酬，薪酬參照點一般選擇行業平均水平或者以可比公司的高管薪酬為參考依據。針對公司高管的薪酬契約，理想的薪酬契約是指基於高管的能力和努力程度設置契約條款。然而，高管的能力和努力程度均不可觀測，如何衡量高管的能力水平和努力程度成為薪酬契約設計的關鍵。根據高管努力的結果——公司業績作為高管業績的參考指標被認為是衡量高管努力程度的有效方式。然而，影響公司業績的各種因素中，高管的努力程度和能力水平僅是其中的一個方面，公司業績還受到諸如宏觀經濟環境、行業競爭程度、公司特徵等其他因素的影響。同時，公司業績的好壞受到較多不確定性因素的影響，採用公司業績指標衡量高管的努力程度和能力水平難免存在不足，再加上高管努力程度和能力水平是不完全信息，對委託人來說存在信息不對稱性。因此，公司高管的薪酬契約無法事前將契約條款完全說清楚，必須基於未來不確定的可能簽訂不完全契約，並保留一些無法事前清楚的契約條款留待以后根據環境變化進行調整。

　　根據高管的能力水平和努力程度設置最優契約被認為是激勵高管的有效方

---

[1] Cheung S. N. S. The Theory of Share Tenancy: With Special Application of Asian Agriculture and the First Phase of Chinese Taiwan Land Reform [M]. Chicago: University of Chicago Press, 1969.

[2] Lazear E., S. Rosen. Rank Order Tournaments as Optimum Labor Contracts [J]. Journal of Political Economy, 1981, 89 (5): 841–874.

[3] Holmstrom B. Moral Hazard in Teams [J]. Bell Journal of Economics, 1982, 13 (2): 324–340.

式。按照 Ross（1973）的定義，最優契約要求契約雙方必須共擔風險，能夠利用貝葉斯統計推斷發現經濟行為者的隱藏行動和隱藏信息，並在此基礎上設計契約，根據信息性質選擇合理的薪酬結構和薪酬機制，契約雙方對不確定因素和風險規避程度都要十分敏感。① 在高管薪酬激勵中，共擔風險的有效方式就是對高管進行股權激勵、股票期權激勵等所有權薪酬方式。然而，客觀的信息不對稱導致股東無法有效識別高管的隱藏行為，股東無法解決不確定問題，股東與高管的規避風險程度不可能完全一致，最優契約的存在條件往往難以完全滿足，其結果是採用最優契約解決代理問題在現實中無法實施，最優契約僅是理想契約。

根據代理問題存在的原因尋找解決途徑一直是理論研究的核心問題。在公司高管薪酬契約研究中，Holmstrom（1982）提出多任務目標解決代理問題。在激勵契約中，使契約條款在確保雙方履約過程中盡量減少公司高管的機會主義行為，避免事后的機會主義行為。如何減少高管的機會主義行為，Klein（1980）提出兩種途徑：一是利用契約條款減少機會主義發生的概率，即通過約束手段來減少機會主義行為發生的可能性；二是改變履約成本，通過改變機會主義者的未來成本，使機會主義的潛在可能性與未來事件完全一致。② 按照 Klein 的觀點，減少公司高管的機會主義行為需要公司建立完善並實施有效的公司治理機制以加大對高管機會主義行為的懲罰成本，如建立聲譽機制或者誠信機制，通過有效的經理人市場對實施機會主義行為的高管加大懲罰。

3.1.3 信息不對稱理論

信息不對稱普遍存在於現代公司制企業。在股東與高管之間同樣存在信息不對稱，導致股東與高管之間無法簽訂完全薪酬契約。薪酬契約是基於高管能力和高管努力程度的補償，由於股東對高管的能力特徵不具備完全信息，股東只能通過高管的特徵信息來推斷高管的能力水平。

（1）信息不對稱及分類。

信息不對稱是指締約當事人一方知道而另一方不知道，甚至第三方也無法驗證，即使能夠驗證，也需要花費很大人力、物力和財力，從成本效益的角度看是不劃算的。信息不對稱有兩種類型，即外生不對稱和內生不對稱。客觀事

---

① Ross, S. A. The Economic Theory of Agency: the Principal's Problem [J]. American Economic Review, 1973, 63（2）：134-139.

② Klein B., K. B. Leffler. The Role of Market Forces in Assuring Contractual Performance [J]. Journal of Political Economy, 1981, 89（4）：615-641.

物本身所具有的、不由交易者造成的自然狀態導致的信息不對稱屬於外生不對稱。締約雙方簽訂契約以後，契約一方的行為其他人無法觀察，事後也無法推測的信息不對稱屬於內生不對稱。根據信息不對稱的時間和內容看，信息不對稱可以分為事前不對稱和事後不對稱。事前當事人之間的信息不對稱容易產生逆向選擇問題，事後當事人之間信息不對稱容易引起道德風險。股東與高管之間的薪酬契約關係中，高管對自己的個人特質具有完全信息，而股東不知道或知之甚少，高管個體特質信息分佈不平衡導致股東與高管之間存在信息不對稱。由於信息不對稱，所有者對高管的選聘和激勵中，既存在道德風險也存在逆向選擇問題。在高管選聘中，高管的能力水平是私人信息，存在逆向選擇風險和隱藏信息的可能；在高管薪酬激勵中，信息不對稱導致薪酬激勵的高成本，如薪酬契約締約過程中高管的自利行為、自定薪酬甚至是超額薪酬等。

（2）信號傳遞與高管類型。

如何識別高管的能力水平，根據高管的能力設置激勵機制以及控制權的分配等是解決代理問題的途徑之一。Fama（1980）構建模型研究高管特質的識別，提出觀察者可以利用高管原先的記錄和過去履約的歷史推斷某個人的特徵，比如誠實、能力等。[①] 高管有一種使自己的行為方式影響市場看法的動機，由於現在的行為有一種持久的「記憶」，當過去的記錄被用於為現在的行為提供信譽時，高管的聲譽價值變得格外重要，即通過高管傳遞出的信號推斷高管的類型，能力水平的高低，是否正直、誠信等，這些高管顯性信號代表了高管的聲譽狀況。信息不對稱性客觀存在，委託人通過可觀察的高管信號來判斷高管的類型，推斷其能力狀況，是否符合本公司的雇傭要求。Rosen（1992）的研究表明，將控制權分配給有能力的人越多，這種控制權就越有效率；高能力型高管的邊際效率遠遠大於無能力或低能力型高管的邊際效率，因此，最有能力的高管應該占據最大公司的最高職位。[②] 另外，在控制權分配一定的情況下，對高管的支付結構會在激勵與保險之間達成妥協。根據 Rosen 的觀點，高管能力的高低是決定其薪酬水平的重要因素，高管能力水平與公司規模之間是一個匹配過程，只有能力最強的人才能在最大公司擔任最高領導。

通過信號傳遞可以解決逆向選擇問題。在經理人市場上，公司如何選聘出有能力的高管？由於股東對高管的信息不充分或不完全，無法判斷高管的類

[①] Fama E. F. Agency Problems and the Theory of the Firm [J]. Journal of Political Economy, 1980, 88 (2): 288–307.

[②] Rosen, S. The Military as an Internal Labor Market: Some Allocation, Productivity and Incentive Problems [J]. Social Science Quarterly, 1992, 73 (2): 227–237.

型，此時有能力的高管會通過信號傳遞的方式呈現出不同的高管類型。高管如何通過信號來傳遞自己的類型呢？高管所選擇的傳遞信號需要能讓股東有效識別。股東在觀察到高管的信號以後推斷高管的類型，並根據公司特徵選擇合適的高管，與之簽訂薪酬契約。如高管選擇較高的學歷水平來傳遞自己高能力的信息，高管通過反應其教育水平的資質證書來證明自己可能具備較高的能力並讓別人有效識別。如果存在競爭性經理人市場，高能力的高管可以通過競爭性市場傳遞自己高能力的信號，這種信號在現實經濟生活中普遍存在，比如高管的工作經歷，在某個特殊領域工作的時間等可以作為傳遞其能力的有用信號。再比如高管的社會關係，也稱為社會資本，對於企業來說，社會資本是一種關鍵資本，有助於企業完成任務和為客戶和股東創造價值。社會資本分為外部社會資本和內部社會資本，尤其是外部社會資本往往成為企業成功的關鍵。如果某個高管具有良好的社會關係，那麼這種社會關係是否能給雇用他的公司帶來較好的公司業績呢？這個高管如何傳遞對其能力進行評價的客觀信息？如果該高管擁有較好的社會任職經歷或者具有較多的社會兼職經歷，聘任其兼職的公司較多而且兼任的職位級別較高等，那麼這些兼職公司的一些特徵能夠傳遞其高能力的信號，如公司規模、公司業績、上市情況等信息。這一些來自於公司特徵的信息具有較強的客觀性，是傳遞高管高能力的有效途徑。顯示高管高能力的信號還有一些來自於高管個體特質信息，比如高管職稱等級、工作經歷、從業背景、某種技能證書等。其中，職稱等級代表高管擁有某方面技能的水平，某種公信力比較強的技能證書也是持有人具有某一領域特殊技能的信號。高管具有的能力水平無法直接衡量，往往可以借助高管個體的背景信號和高管就職的公司特徵或兼職公司特徵給予間接反應。當然，釋放出高能力信號的高管是否就能夠給雇用他的公司帶來較好的公司業績？答案是不一定，因為環境也是一個重要的影響因素。

  由於信息不對稱普遍存在於委託代理關係中，當制度安排缺乏效率時，自利動機較強的高管很可能會實施一些隱藏行動，出現道德風險問題。當股東與高管簽訂薪酬契約時，契約條款和現實條件對雙方來說是共同知識，此時雙方信息是對稱的。薪酬契約簽訂后，高管選擇行動，而高管行動的結果除了受到高管個體因素的影響，還受到自然狀態如環境不確定的影響，高管的行動與自然狀態共同決定可以觀測的結果。當股東根據所觀測的結果評價高管的行為時，無法確定所觀測的結果是自然狀態造成的還是高管行動的結果。當股東無法根據可觀測的結果判斷高管的行為時，股東必須設計一個激勵契約以誘使高管以股東利益最大化為目標實施對股東最有利的行動。

3.1.4 人力資本理論

高管作為特殊性人力資本，是企業的稀缺性資源，利用人力資本理論的研究成果有助於加深人們對高管激勵和高管超額薪酬的性質的認識。

（1）人力資本理論與人力資本價值。

20世紀60年代以來，人們在探究經濟增長的原因時，發現除物質資本和勞動力對經濟增長的作用外，某些經濟增長是無法通過物質資本因素予以解釋的，學者們把這些無法解釋的因素歸結於人力資本，由此誕生了人力資本理論。人力資本理論的主要代表人物是Schultz和Becker，Schultz被譽為「人力資本之父」，他在1961年發表的開創性論文《為人力資本投資》中首次提出了「人力資本」這一概念。[1] 他在研究中發現，如果僅僅從自然資源（諸如土地資源、水資源、森林等資源）角度，不能解釋經濟增長的全部原因，除此之外，還存在自然資源以外的資源發揮著重要作用。經濟增長固然與物質資本有關，更與人力資本有關，人力資本的投資收益率要高於物質資本的投資收益率。人力資本是一種稀缺資源，是經濟增長的內生變量，也是社會進步的決定性因素。掌握了知識和技能的人力是資本的一種形態，人力資本的取得是投資的結果，可以通過教育、培訓、醫療保健和遷移等獲得。Schultz（1961）採用收入率對美國1929—1957年經濟增長中教育投資的貢獻進行了測算，其結果是教育投資對經濟增長的貢獻率高達33%。Schultz的理論側重於人力資本的宏觀研究，沒有對人力資本的微觀進行深入研究。Becker（1962，1964，1968）則從微觀視角探討了個人收入分配與其人力資本投資的相互關係，從人力資本投資的視角構建了分享收益的激勵合約模型，認為人力資本是一種不能流動的資產，提出了人力資本的生產、分配理論與專業選擇問題，提出直接成本、間接成本、家庭時間價值和時間配置概念是對人力資本理論的重大創新。Becker的另一個重要貢獻就是區分了通用知識的人力資本和專用知識的人力資本，強調人力資本價值將對公司未來收入產生重要影響。20世紀80年代，以Romer為代表的新增長理論強調生產的規模收益遞增和知識的外部性對經濟增長的影響，認為各國經濟增長率存在差異的原因在於各國人力資本水平存在差異。[2] 不同於關於資本同質性假設的傳統經濟學理論，人力資本理論認為人力

---

[1] Schultz T. W. Investment in Human Capital [J]. American Economic Review, 1961, (51): 1-17.

[2] Romer C. New Estimates of Prewar Gross National Product and Unemployment [J]. Journal of Economic History, 1986, 46 (2): 341-352.

资本不仅是一种资本、一种重要的生产要素，而且具有异质性。

人力资本理论为解决企业激励约束问题增添了新的洞察力。人力资本与物质资本一样具有产权，人力资本的个人私产与所有者不可分离，因此对人力资本只能激励不能压榨，正是这一特征使得激励约束问题成为一个永恒的主题。周其仁（1996）对人力资本产权特征的研究取得重大突破，认为现代企业的最佳所有权制度安排是让人力资本所有者拥有部分所有权，这样企业就成为人力资本与非人力资本的合约组合体，他们对企业所有权都有一定的分享比例。现代社会尤其在知识经济时代，人力资本显得尤为短缺和有价值，这就决定了人力资本所有者理所当然应该享受物质资本所有者的权利，在分配中应该分享除劳动补偿外的剩余收益。这就准确诠释了人力资本所有者应该以怎样的身分即以企业劳动者和所有者双重身分来参与企业分配。这个问题一直困扰着企业家，没有人力资本理论，就不可能正确回答这个问题。根据马克思的理论观点，资本本身不能带来剩余价值，只有人力资本才能创造剩余价值，人力资本是经济增长的源泉，因此人力资本是一种资本。人力资本的形成及其产权属性决定它可以获取剩余价值，企业提高人力资本开发与使用的经济效益最有效的途径是满足人力资本的薪酬要求，赋予人力资本剩余价值索取权并将这种制度安排长期化。由于人力资本有权参与剩余价值的分配，这有利于激发人力资本价值的发挥和经济效益的创造。无论是人力资本还是物质资本，其收益主要取决于为企业创造的价值的贡献度。企业高管与一般管理人员相比，它是一种价值很高的异质性人力资本和极为稀缺的资源，而且是现代经济增长中具有能动的因素。企业高管人力资本依附于个体，只有实现产权化，才能使人力资本的作用充分发挥出来，人力资本一旦「缺失」，企业高管将关闭其人力资本，其经济价值损失难以估计。企业高管人力资本使用的效果是通过企业的经营业绩体现出来的，是风险劳动和复杂劳动的统一，具有很强的自主性，更难监督。现代公司制企业实际上存在财务资本和企业高管人力资本及其所有权之间的博弈，人力资本理论为企业高管凭借其人力资本的所有权取得剩余索取权、参与企业利润分配提供理论依据。

Schultz（1961）认为，人力资本的质量对经济增长的贡献远比物质资本重要。Romer（1986）进一步指出，企业家所具有的专用性人力资本能形成递增收益，并能为企业创造更好的经济绩效，使经济保持长期增长。[①] Jones

---

[①] Romer C. New Estimates of Prewar Gross National Product and Unemployment [J]. Journal of Economic History, 1986, 46 (2): 341–352.

(1973)研究公司高管人力資本價值時,也認為企業獲得的超額利潤是稀缺性人力資本的貢獻,超額利潤應該作為人力資本的報酬。[1] James & Marua (2003)的實證研究發現,公司高管的人力資本是解釋高管薪酬上漲的重要因素。此外,Fama(1980)、Shen et al.(2009)嘗試從高管能力的視角研究高管薪酬,並認為公司高管應該獲得與其能力匹配的報酬。Rosen(1982)認為,企業經理的重要功能在於在他們的控制下有效地支配了大量的資源,具有管理資源的巨大權力和獲得這種權力相伴的巨大收益;在一個公司組織中,個人的能力和影響有賴於能力和控制效率之間的交互行動。[2] 控制可以理解為權力,如果能力和權力之間是相互補充關係,將控制權配置給有能力的人越多,則這個公司就更有效率。在市場均衡條件下,最有能力的經理佔有大公司的最高職位,大公司的經理擁有高報酬而且報酬與公司規模成正相關關係。Rosen(1982)實證分析發現,對所有行業來說,相對於企業規模的公司高管報酬的檢驗彈性接近0.25。在一個層次結構中,能力和生產效率之間內在的相互補充就會使有能力的人選聘到較高職位上。而且,最有能力的經理是稀缺的,通過其對職位的競爭或接近最大企業的最高位置而有利可圖,大公司經理的能力能夠產生擴大效應,即將能力範圍擴大到更大的經營範圍和擴散到更長的指揮鏈,這種擴散效應增加了經理們的薪酬。這有力地解釋了為什麼大公司的高管能力越強其薪酬就越高,而且大公司的高管的平均薪酬水平得以維持一個較高的水平。

(2)人力資本溢價與高管超額薪酬。

由於有能力的經理人具有擴大效應,高能力的經理人在大公司占據最高的職位,這種獨特的才能和能力應該掙得稀缺的租金,理應獲得人力資本溢價薪酬。當經理在其職業生涯中通過競爭改變了其地位時,在任何給定水平上的工資具有對比較低級競爭者激勵的溢出效應。另外,公司高管的專用性人力資本投資與所有者一樣存在風險,不少學者指出包括企業員工和經理在內的許多當事人都為該企業進行了專用性投資,同樣面臨被所有者「敲竹杠(Hold-up)」的風險和企業的經營風險,因此企業應該實行利益相關者(stakeholders)共同治理,分享企業控制權和剩余索取權。Alchian & Demsetz

---

[1] Jones D. M. C. Accounting for Human Assets [J]. Management Decision,1973,11(3):183-194.

[2] Rosen S. Authority,Control and the Distribution of Earning [J]. Rand Journal of Economics,1982,13(2):311-323.

(1972) 認為，集經營和風險承受於一身的企業家在企業中起核心作用。① 大公司的經理從其職位到接近 CEO 的職位將有相當長的間隔期，而且會被這個企業雇傭相當長的時間。Kostiuk（1989）、Murphy（1985）研究發現，平均年齡為 55～57 歲的最高級別的經理，在其職位上的時間為 7 年或 8 年，而在公司的工作時間超過了 25 年。高級管理人員在公司中較長時間的工作經歷一方體現企業專用性人力資本的累積，另一方面也體現出高管本身對所在公司的專用性人力資本投資。一旦公司的所有者實施「敲竹杠」行為，高級管理者同樣會遭受收益損失，甚至面臨失業等風險。因此，設計有效的激勵機制和識別最有能力的經理人員所得的社會效益很可能成比例地增加。大公司雇傭高能力的經理人經營公司，產生倍增效應並增加公司價值。按照 Fama（1980）的觀點，若存在競爭性市場，管理者的報酬不能反應其經營績效和其擁有的能力水平，則該企業就留不住能力強的經營者。周蕾（2014）將人力資本溢價界定為勞動者因為承擔額外風險所要求的補償，額外風險由人力資本專用性承擔的不可分散風險和人力資本所有者對待風險的態度決定。現代企業是人力資本和非人力資本的合約，作為稀缺性的高級管理人員，其能力能夠給企業帶來倍增效應，那麼這部分高能力的管理者就應該獲得高報酬甚至是合理的超額薪酬，體現其稀缺性人力資本價值。

3.1.5 組織戰略理論

高層管理者（董事長或總經理）是企業中最重要的人力資源，他們在企業不僅擁有權威，還是企業戰略的最終決策者和執行者。高管制定的戰略決策不僅影響企業的規劃，還影響企業的可持續性發展、市場競爭力以及股東價值（Morrow et al., 2007）。公司戰略包括薪酬戰略，高管薪酬是公司戰略的一部分。

依據戰略資源學派的觀點，高管所擁有的特殊管理技能是有價值的、稀缺的、難以替代的、難以模仿的，是企業珍貴的戰略資產，因此高管應當獲得與其價值相當的報酬，根據價值創造情況與物力資本一樣獲得較高市場回報。根據戰略資源理論學派的觀點，高管與企業之間的情景匹配尤為重要，這不僅影響高管才能的有效程度和發揮效果，還會影響企業的發展和企業的價值。高管與企業的匹配還受到環境因素的影響。高管的投入能夠影響整個組織的生產經

---

① Alchian A. A., H. Demsetz. Production, Information, Costs and Economic Organization [J]. American Economics Review, 1972, 62 (5): 777-795.

營效率。公司會選擇與其經營戰略匹配的人士擔任高管，採取「探索者」戰略的企業喜歡選擇有市場行銷或產品研發背景的人，而強調研發的企業會選擇具有技術背景和正規教育水平高的人。大企業傾向於選擇對本企業更熟悉、具有長期本企業工作經驗的人擔任公司高管。也就是說，公司特徵會影響高管的選聘，只有公司特徵與高管個體特質耦合，才能為高管發揮稀缺性人力資本價值創造平臺，才能夠激發高管努力工作，有效發揮其經營才能。在很大程度上，公司特徵是其雇傭的高層管理者個人特徵的反應，而高管能力水平也會影響公司經營效率和治理效率。高管與公司組織的匹配影響公司的權力結構、公司行為以及公司政策與制度的執行效率。從高管與公司組織匹配的角度分析，不同特質的高管，其能力、風險偏好以及所面臨的經營風險千差萬別，為此所制定的薪酬方案也應相機而定。由此可見，高管薪酬存在差異有一定的合理性，高管超額薪酬的計量也應該考慮高管能力異質性的影響。

環境的差異影響組織對高級管理人員的選聘和免職，以使組織與其環境更加匹配，組織所處環境要求公司傾向於挑選合適的管理者來應對公司所處的情景。環境異質性差異會造成公司具有不同的商業價值觀，影響高管的選聘機制，從而導致公司選聘的高管呈現不同的特徵。任何公司的經營活動均受到所處行業、宏觀經濟行情、外部制度環境以及國際化等環境因素的影響，並隨著外部環境的變化與外部環境之間呈現狀態依存關係。外部產品市場的競爭程度和經理人市場發育程度，不僅影響公司的代理成本和代理效率，還影響高管的薪酬水平（沈小秀，2014）。基於外部環境差異，公司為了維持狀態依存關係，需要制定戰略規劃並實施戰略行為，並隨著環境的變化對公司戰略進行適當的調整。然而，制定戰略、執行戰略以及調整戰略等活動都離不開高管的理性行為。因此，高管與組織以及組織所處環境之間的匹配尤為重要，是企業能否持續發展的關鍵。

3.2 理論分析框架

3.2.1 理論分析

股東與公司高管之間的委託代理關係本質上是一種契約關係。由於股東與高管之間的利益衝突，激勵契約的不完全性、高管的自利動機以及信息的非對稱性引發了企業代理問題。高管激勵契約是解決代理問題、降低代理成本的一種有效方式。然而，由於信息的非對稱性以及外部環境的不確定性，股東與高

管之間的激勵契約是不完全契約，客觀上要求保留一些需要根據未來環境變化進行調整的契約條款。由於薪酬契約的不完備性，難免留下「敲竹槓」的空間，自利動機強的高管可能會利用不完全薪酬契約實施自利行為並侵蝕股東利益。建立完善的高管激勵約束機制有助於抑制高管的自利行為，激勵高管按照股東利益最大化目標而努力工作。事前簽訂不完全薪酬契約，保留部分條款事後予以確定，比如約定根據高管努力的結果——公司業績給予高管績效薪酬。由於高管的行為難以觀測，股東根據可觀測到的公司業績向高管支付薪酬，以激勵高管採取對股東最有利的行動，降低代理成本。在最優薪酬激勵機制下，根據高管的才能和努力程度對高管薪酬進行合理設置，更高的薪酬來自更好的業績表現，並能帶來公司未來業績的提升，將高管薪酬激勵與股東財富創造聯繫起來。

現代企業是人力資本與非人力資本的契約集合，高管才能是企業稀缺性人力資源。人力資本的質量對經濟增長的貢獻遠比物質資本重要，並且給企業帶來遞增收益，也是企業超額利潤的創造者。根據 Rosen（1982）的觀點，在競爭性的經理人市場上，高能力的高管比低能力的高管擁有更高的效率，理應獲得更高的報酬。而且，只有高能力的高管才可能勝出並在大公司中占據最高的職位，高能力的高管在大公司中其經營效應具有擴散效應和遞增效應。根據有效工資理論，高管薪酬是基於高管能力、高管業績的合理定價，薪酬水平的高低反應高管個人的能力水平，也是高管人力資本價值的體現。高管能力無法直接衡量，能力的高低可以通過高管的顯性特徵予以間接度量，能力高的人為了在競爭性市場勝出，必然釋放高能力的信號，比如高學歷、較長的工作經歷、某些特殊技能、良好的社會關係等信息。公司根據高管個體特質釋放出的信號可以識別該高管的能力水平，推斷高管類型，選聘與本公司特徵、公司所處環境匹配的高管擔任本公司的高管。公司要招聘到高能力的高管，需要支付具有競爭力的薪酬水平，才可能吸引或留住高能力的管理者。因此，高管能力影響公司業績，進而影響其薪酬水平和薪酬結構。在競爭性經理人市場，高管獲得相比於市場平均水平更高的薪酬既是高管高能力的體現，也是董事會對高管高能力的期望。高管的高薪是經理人才市場需求的結果，即人力資本理論下的高管薪酬是高管人力資本的合理定價。

按照組織理論和戰略資源學派的觀點，現代企業只有同時兼顧高管特質、公司特徵和環境異質性差異，制定符合環境要求的公司戰略，才可能在激烈的競爭中贏得長期發展。環境的異質性差異影響公司戰略以及公司特徵，公司戰略和公司特徵差異影響高管的選聘。環境異質性差異會造成公司的商業價值

觀、公司治理結構、高管權力的配置以及高管的選聘機制存在差異，進而導致不同環境背景下的公司其高管存在個體特質差異。高管個體特質、公司特徵以及公司所處環境之間的有效匹配是實現公司戰略、創造股東財富的前提條件，同時也對高管薪酬激勵產生重要影響。高管與組織的匹配及高管與組織所處環境的匹配，影響高管的能力發揮程度和發揮效果，進而影響公司業績、公司價值增長以及公司的長期發展。高管薪酬是基於高管能力水平和高管努力結果的報酬，高管的能力水平發揮程度和發揮效果不僅受高管個體特質的影響，還受到公司特徵和環境異質性的影響。股東通過公司業績評價高管的努力程度，但公司業績狀況不僅受高管努力程度的影響，也受到公司特徵和環境不確定性因素的影響，高管的努力程度僅是影響公司業績的一個方面，高管與組織以及與環境的匹配狀況同樣影響公司業績。

高管薪酬應基於高管能力和高管努力程度確定其報酬水平。但是，高管的能力和高管的努力程度無法直接度量，可行的處理方法是選擇衡量高管能力的顯性變量和反應高管努力程度的公司業績變量給予間接度量。關於衡量高管能力的顯性變量，較多的學者選擇可觀測的高管個人特質變量進行度量，比如高管的年齡、高管任期、學歷水平、社會關係等指標。衡量公司業績的變量主要有財務業績和市場業績，比如總資產報酬率、淨資產收益率、營業利潤率、市場回報率等指標。眾所周知，公司業績不僅受高管個人特質的影響，還受公司特質和公司所處環境的影響，只有高管、公司和環境有效匹配，才有助於高管充分發揮其經營才能，提高公司業績。因此，度量公司高管能力和努力程度的指標，除了需要研究高管個人特質的影響因素之外，還需要考慮雇傭高管的公司特徵以及環境異質性差異。只有將高管個人特質、公司特徵和公司所處的環境異質性差異相結合進行研究，才能夠對高管的能力和高管的努力程度進行有效評估，並給予高管合理的薪酬激勵。

3.2.2 理論框架

高管薪酬激勵是解決股東與高管之間代理問題的有效方式。薪酬契約的不完全性為高管創造了實施機會主義行為的空間，減少高管的機會主義行為除了建立健全有效的公司治理機制之外，還可以通過高管的個體特質信息推斷高管的誠信程度，降低高管機會主義行為的概率。現代企業是人力資本與非人力資本的特別合約，高管稀缺性人力資本是企業重要的戰略資源，高管所具有的專用性人力資本能形成遞增收益，並能為公司創造更好的經濟績效，使經濟保持長期增長。高能力型高管的邊際效率遠遠大於無能力的高管，高管的能力水平

與公司規模顯著相關,高能力型高管在大規模的公司中能夠使公司財富產生倍增效應。股東對高管能力水平存在信息不對稱,無法判斷高管的能力類型,有能力的高管會通過信號傳遞的方式表現個體特質信息,如高管的學歷水平、大規模公司的經歷、社會關係等。股東在觀察到高管的信號以後推斷高管的能力類型,並根據公司特徵選擇匹配的高管擔任公司的管理者。選聘高能力型高管是上市公司人才戰略目標,上市公司在選聘高管的過程中,還會考慮高管個體特質與公司特徵的匹配度、高管與公司所處環境的適應性。只有高管個體特質與公司特徵、環境不確定有效匹配的高管才有助於高管高能力的發揮,才有助於高管實現公司財富的倍增效應、增加公司價值和股東財富。合理的薪酬契約應該補償高管的人力資本價值,根據高管能力水平和能力發揮的結果設置薪酬契約才有助於激發高能力型高管努力工作。高管能力發揮的程度和效果不僅受到高管個體特質的影響,還受到公司特徵以及公司所處環境因素的影響。因此,對於高管薪酬激勵,首先需要對高管能力薪酬進行合理度量,高管能力薪酬的合理度量需要兼顧高管的個人特質、公司特徵和環境異質性差異。只有兼顧高管個人特質、公司特徵和環境異質性差異,才能形成激勵相容的薪酬契約,也才能最大限度地激發高管的價值創造潛能。高管超額薪酬度量的前提條件是確定高管能力薪酬。在合理度量高管能力的期望薪酬的基礎上,根據高管的實際薪酬與高管能力的期望薪酬決定高管的超額薪酬。

如何度量高管能力薪酬,一種可行的辦法是借鑑人力資本理論分析高管能力的顯性特徵間接度量高管能力,進而確定高管的人力資本價格。高管薪酬不僅受到個體特質的影響,還受到公司特徵以及公司所處環境因素的影響,從高管能力的視角度量高管期望薪酬,視高管實際薪酬超過期望薪酬的部分為高管的超額薪酬。該超額薪酬是權力性超額薪酬還是能力性超額薪酬,還需要從高管能力和高管權力的代理變量予以分析,從而建立合理的薪酬激勵約束機制,協調所有者與高管之間的利益衝突,降低代理成本。

本書依據委託代理理論、契約理論、信息不對稱理論、人力資本理論和組織戰略理論等,從高管與組織、組織所處環境匹配的角度分析影響高管能力發揮水平和發揮效果的各種因素,系統分析影響高管薪酬的個人層面、組織層面和環境層面因素,將高管實際薪酬採用合理的個體特質因素、公司特徵因素和環境因素進行合理性解釋並度量高管能力的期望薪酬,將高管的實際薪酬超過高管期望薪酬的部分作為高管的超額薪酬。對於高管超額薪酬的性質,本書分別從高管權力和高管能力兩個方面進行分析,厘清高管超額薪酬究竟是權力性薪酬還是能力性薪酬,並為上市公司高管超額薪酬的激勵約束制度建設提供檢

驗證據。本書研究的理論框架見圖3-1。

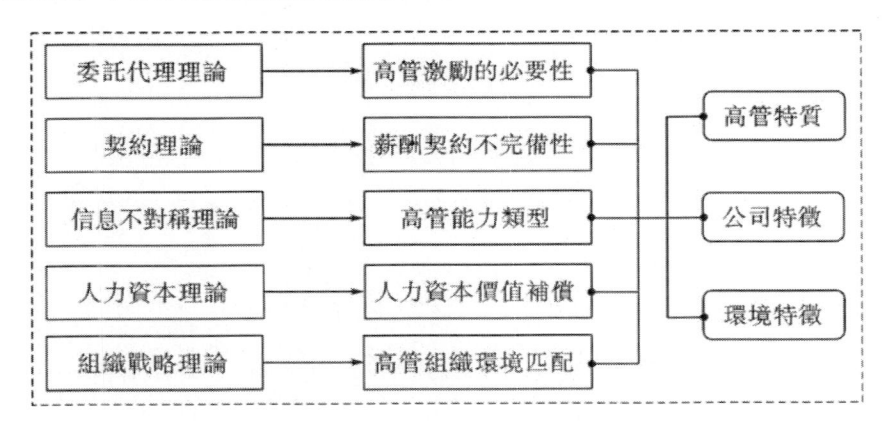

圖3-1 研究的理論框架

4 高管超額薪酬的度量

根據高管業績和能力水平設置薪酬契約是激勵高管的有效方式。該方法建立的前提條件在於高管業績能夠被準確地度量，高管能力水平能夠被有效地觀測。高管業績由高管的努力程度和能力水平兩個因素共同決定，而高管努力程度和能力水平與又高管特質、公司特徵和環境異質性密切相關。然而，高管業績難以被準確度量，高管能力水平也無法直接觀測，現實中常用公司業績來替代高管業績，用高管可觀測的特質信息間接地反應高管能力水平。從高管能力的角度，借助人力資本理論、信息不對稱理論等有關理論觀點，從高管與組織、組織所處環境匹配的角度分析影響高管能力發揮水平和發揮效果的各種因素，並採用合理的方法度量高管超額薪酬，為進一步厘清高管超額薪酬的性質是能力薪酬還是權力薪酬奠定基礎。本章的研究內容主要有三項：一是系統地分析高管薪酬的個人層面、組織層面和環境層面因素；二是對高管實際薪酬採用高管特質因素、公司特徵因素和環境因素進行分解並度量高管期望薪酬和超額薪酬；三是借助 Core 模型對多層分析法度量的高管超額薪酬進行接近度測試。

4.1 高管超額薪酬的度量思路

在高管薪酬的研究文獻中，學術界對如何度量高管超額薪酬進行了大量的研究。較有影響的度量模型是 Core Model（1999，2008）和 Brick Model（2006）。Core et al.（1999，2008）通過建立薪酬模型，將客觀經濟因素決定

的薪酬視為合理薪酬，將非經濟因素決定的薪酬視為超額薪酬。①② 用 Core 模型度量超額薪酬得到研究者的廣泛運用，如權小鋒等（2010）、吳聯生等（2010）、吳育輝和吳世農（2010）、方軍雄（2012）等。Ang et al.（2003）將薪酬分為經濟因素影響的薪酬部分和殘差部分，將殘差部分解釋為高管超額能力的補償。Brick et al.（2006）則在 Ang et al.（2003）的基礎上，用高管能力的代理變量進一步分解殘差部分，將剔除超額能力后依然無法解釋的剩餘薪酬作為超額薪酬。Core 模型和 Brick 模型研究高管薪酬時，均將高管薪酬的影響因素置於同一多元線性迴歸模型。這些因素既包括高管個人特徵因素，也包括公司特徵和環境異質性因素；同時均將無法用合理變量對高管實際薪酬予以解釋的薪酬部分視為超額薪酬。高管薪酬的本質是一個跨層問題。受個人層面、公司層面和環境層面因素的影響，適宜採用多層線性分析法逐層分解高管的合理薪酬。本章採用多層線性分析法（HLM），對高管實際薪酬從個人層面和公司環境層面尋找合理變量進行分解，逐層確定高管的人力資本薪酬和組織環境薪酬，並度量高管的期望薪酬和超額薪酬，力圖避免超額薪酬研究中的層次謬誤和研究結論的偏誤。

4.1.1　多層線性分析法

心理學家 Lewin（1951）指出，人的行為受到個人特質和所處環境因素的共同影響，即人與環境的「互動論」。這一思路對管理學領域相關問題的研究產生較大的影響。在管理學領域內，許多現象是多層次現象。如果一個多層次現象僅從單一層次角度切入，最明顯的缺點是可能遺漏了重要的解釋變量，導致解讀偏誤；最重要的后果則是知識錯誤的累積（林鉦琴和彭臺光，2006）。因此，對於一個多層次的研究問題應該採用多層分析方法進行研究，才能避免出現層級謬誤、結論偏頗的研究后果。

多層線性分析法又稱為多層線性模型（Hierarchical Linear Modeling, HLM），由英國學者 Goldstein 於 1991 年首次提出，主要用於解決多水平、多層次的數據結構研究。③ 多層線性分析法對數據除了進行單層分析、多層分析

---

① Core J. E., R. W. Holthausen, D. F. Larcker. Corporate Governance, Chief Executive Officer Compensation and Firm Performance [J]. Journal of Financial Economics, 1999, 51 (3): 371-406.

② Core J. E., W. Guay, D. F. Larcker. The Power of the Pen and Executive Compensation [J]. Journal of Financial Economics, 2008, 88 (1): 1-25.

③ Stephen, W. Raudenbush, Anthony S. Bryk. Hierarchical Linear Models: Applications and Data Analysis Methods [M]. 2nd ed. London: Sage Publications, 2002.

之外，還可以進行跨層次的綜合分析，該方法在社會科學和管理學研究中得到了廣泛使用，如研究組織與鑲嵌於不同組織的雇員薪酬問題。

4.1.2 超額薪酬的分層度量思路

借鑑 Core 模型和 Brick 模型選擇盡可能充分的高管薪酬影響因素分解高管實際薪酬的這一思路，本書從高管特質、公司特徵和環境因素系統分析決定高管薪酬的影響因素。為了避免將不同層面變量置於同一多元線性迴歸模型所導致的層級謬誤，研究中採用分層次的思路逐層分析高管特質、公司特徵和環境因素對高管薪酬的影響以及影響程度，並合理度量高管期望薪酬和超額薪酬。採用多層線性分析法度量高管期望薪酬和超額薪酬的分析思路為：

第一，系統分析高管薪酬的影響因素。分析高管薪酬的個體特質因素、公司特徵和制度環境因素。

第二，變量選擇。選擇合理的變量表徵高管特質、公司特徵和環境異質性因素。

第三，高管薪酬的個體層面分析。對高管實際薪酬從高管個人層面進行分析，以總經理和董事長的實際薪酬為被解釋變量，以總經理和董事長的個體人力資本因素為解釋變量，基於大樣本數據進行迴歸，預測高管個體特徵變量的迴歸係數，將迴歸係數帶入薪酬模型，預測總經理和董事長個體特質因素決定的「人力資本薪酬」，視總經理和董事長的實際薪酬超過人力資本薪酬的部分為「人力資本溢價」。

第四，組織環境層面分析。即將人力資本溢價作為被解釋變量，以影響高管薪酬的公司特徵變量和環境異質性變量作為解釋變量，分析公司特徵和環境異質性對高管薪酬的影響，將人力資本溢價分解為公司特徵和環境異質性能夠合理解釋的部分和不能合理解釋的部分，公司特徵和環境異質性對人力資本溢價薪酬能夠解釋的部分作為高管的「組織環境薪酬」，公司特徵與環境異質性不能解釋的薪酬正餘額作為本書的「高管超額薪酬」。

第五，度量高管期望薪酬和超額薪酬。高管期望薪酬用公式表示為「高管期望薪酬＝人力資本薪酬＋組織環境薪酬」，高管超額薪酬的度量公式為「高管超額薪酬＝人力資本溢價－公司環境薪酬」或者「高管超額薪酬＝高管實際薪酬－高管期望薪酬」。

4.1.3 樣本選擇與數據來源

本書研究中將上市公司高管界定為董事長和總經理，在本章和第 5 章、第

6 章的實證研究中均採用董事長和總經理兩個樣本進行研究，其目的旨在使研究結論更加穩健和更有說服力。董事長和總經理的樣本來自於 SCMAR 上市公司基本信息、公司治理、財務報表、人物特徵、財務分析等研究數據庫，對於人物特徵中的關鍵變量，比如學歷和職稱部分缺失數據採用手工方式從百度、搜狐等搜索網站以「公司代碼+人名」予以復核和補充。研究的時間區間為 2008—2013 年，對深滬兩市 A 股上市公司樣本剔除金融類上市公司和創業板上市公司；同時，剔除在上市公司只領取津貼或不領薪酬的董事長和總經理樣本，剔除高管薪酬、高管任期、高管學歷、高管職稱、高管年齡等指標數據缺失樣本，得到 1,511 家上市公司 5,298 個總經理有效樣本和 1,344 家上市公司 4,657 個董事長有效樣本。研究過程中所有連續變量均按照 1% 進行 Winsorize 縮尾處理，統計分析軟件使用 STATA 12.0。

研究中所使用的董事長和總經理樣本、薪酬水平以及樣本的控股權性質信息見表 4-1。

表 4-1　　　　　　樣本公司高管樣本分佈與高管薪酬水平

單位：萬元

年度	董事長樣本數	總經理樣本數	薪酬水平 董事長	薪酬水平 總經理	董事長薪酬 國企	董事長薪酬 非國企	總經理薪酬 國企	總經理薪酬 非國企
2008	136	178	40.8	35.57	31.72	50.44	28.43	46.38
2009	345	418	46.94	38.33	40.49	52.71	35.44	42.50
2010	423	548	53.18	45.12	48.6	56.74	41.15	50.54
2011	1,067	1,212	60.72	53.03	64.88	57.92	53.26	52.79
2012	1,310	1,444	63.95	56.95	66.04	62.68	59.10	54.89
2013	1,376	1,498	68.4	61.6	71.32	66.76	63.88	59.5
均值	—	—	61.61	53.96	61.87	61.45	53.58	54.37

由表 4-1 可知，在樣本區間內，總經理的平均薪酬為 53.96 萬元，董事長為 61.61 萬元；國企總經理平均薪酬 53.58 萬元，非國企 54.37 萬元；國企董事長平均薪酬 61.87 萬元，非國企董事長平均薪酬為 61.45 萬元。數據顯示，無論是全樣本還是「國有企業」和「非國有企業」兩個子樣本，董事長的整體薪酬水平均高於總經理的薪酬水平。

4.2 高管薪酬的個體層面分析

蘇方國（2011）指出，高管的人力資本是影響高管薪酬的前因變量，即高管人力資本因素會影響高管選聘時設置的薪酬水平以及高管繼任過程薪酬中的固定部分。通過高管特質表徵高管人力資本和能力水平，分析高管個體特質對薪酬的前因影響，為進一步度量高管能力期望薪酬和超額薪酬奠定基礎。Yuchen et al.（2014）認為CEO特徵，如CEO的年齡、性別、工作經歷等不僅影響高管行為，還影響公司內部控制和高管薪酬。本章選擇高管的年齡、性別、學歷、職稱、社會關係、高管任期等高管特質變量，並構建高管特質因素與高管薪酬的多元迴歸模型，度量高管人力資本因素決定的高管特質薪酬即人力資本薪酬，為進一步在公司層面和環境層面合理地分析人力資本薪酬溢價奠定基礎。

4.2.1 高管特質分析與研究假設

高管特質很大程度上反應了高管的能力狀況。公司高管特質不僅對上市公司產生影響，還對高管薪酬水平產生影響。高管與公司及公司所處環境有效匹配有助於提高公司業績、增加公司價值和股東財富。Bertrand & Mullainathan（2001）將管理者特徵引入企業行為和企業績效研究中，研究發現高管特質會影響企業的決策行為，比如投融資策略、組織戰略等，同時高管特質對公司績效水平具有決定性影響。高管業績和高管貢獻程度影響高管的薪酬水平。鄭志剛等（2012）提出，高管的年齡、性別、任期等是高管重要的個人特質，也是高管薪酬的重要影響因素。高管特徵分為心理因素和可觀察的背景因素（Finkelstein et al.，2009），可觀察的背景因素有高管的年齡、學歷等，這些背景因素是高管過去經歷的反應，會影響高管的行為，對公司決策產生深遠的影響。衡量高管背景特質的顯性指標有工作年限、工作經歷、學歷、國際化經驗、社會關係等。步丹璐等（2010）的研究中選擇高管所管轄的員工人數、高管的文化背景和高管任期來表徵高管個人特徵。高管的工作經歷和教育水平是高管人力資本的重要表現形式。高管人力資本水平影響公司業績，即公司人力資本水平越高，公司業績也就越好，相應的高管薪酬也就越高。高管的人力資本水平越高，創造的績效就可能更好，獲得的薪酬也應當更高。高管個體特質影響公司業績從而影響高管薪酬，高管薪酬的個體特質影響因素主要有：

（1）高管的年齡。

高管的年齡對其薪酬的影響得到已有文獻的認可，現有研究結論主要集中在高管年齡與風險承受能力的關係上和高管年齡對薪酬水平的影響上。Hambrick & Mason（1984）指出，管理者的年齡影響其風險承受能力，進而影響公司投融資及經營決策。高管年齡越大越傾向於規避風險，年輕的高管更願意承擔風險。Bertrand & Mullainathan（2001）等發現，年齡較大的公司管理者在公司決策和公司行為上更加穩健，傾向於規避公司所面臨的風險。何威風和劉啓亮（2010）基於中國制度背景研究發現，上市公司高管團隊年齡越大，公司越不可能發生風險較大的行為。Mcknight et al.（2000）發現，CEO的基本工資與年齡顯著正相關，但是隨著時間變化慢慢弱化；CEO的年齡與獎金的關係呈現出倒U型的特徵，即CEO年齡達到53歲時，獎金作為基本工資的比例以逐漸加大的速度減少。杜勝利和翟豔玲（2005）發現，總經理的年齡一定程度上影響總經理的年度報酬。整體而言，年長的高管工作閱歷豐富，通過工作可以獲得有價值的經驗。由於工作經驗無法直接測量，實踐中多用高管年齡間接表徵高管的工作經驗。基於上述分析，本章提出假設H4-1檢驗高管年齡對其薪酬的影響。

假設H4-1：高管年齡與高管薪酬正相關，即高管年齡越大薪酬水平就越高。

（2）高管的性別。

已有研究發現，女性高管比男性高管更加穩健，更趨於規避風險。Francis et al.（2009）比較了CFO性別差異對公司風險承擔的影響，研究發現女性CFO比男性CFO更傾向於規避風險，表現為女性CFO偏好更為謹慎的財務報告政策。Francis et al.（2011）研究發現性別差異影響公司的貸款成本，即女性CFO獲取貸款的成本顯著低於男性CFO，而且女性CFO使得公司更容易獲得長期借款而無需過高的貸款擔保。萬鵬和曲曉輝（2012）發現，高管性別差異對公司決策具有重要的影響。即女性高管相對於男性高管來說具有更強的風險規避偏好。鄭志剛等（2012）研究發現，經理人的性別是影響經理人薪酬的重要特徵。一般來說，女性更加穩健和保守，在公司經營上表現為一般不會實施高風險的投融資。性別上的差異除了影響公司風險之外，對公司業績也會產生影響。根據風險與收益的關係，風險越高的項目可能收益越高，對公司業績越有利。因此，針對性別與高管薪酬之間的關係，本章提出下列兩個競爭性假設：

假設H4-2-1：高管性別影響高管薪酬，即男性相對於女性來說更可能獲

得高薪酬。

假設 H4-2-2：高管性別影響高管薪酬，即女性相對於男性來說更可能獲得高薪酬。

（3）高管的任期。

一般來說，高管在公司任職時間越長，對公司的戰略、文化等方面的領悟就越深，越有能力處理複雜的經營決策。Murphy（1986）研究發現，高管任期影響高管人力資本價值，高管人力資本價值會影響高管薪酬水平。由於高管人力資本價值很難被公允和有效地評估，隨著高管任期的延長，董事會不斷地累積該高管的信息有助於評估高管的人力資本價值。根據 Arrow（1985）的「干中學（Learning by doing）」效應，公司高管可以通過工作進行學習，進而累積豐富的經驗，通過管理決策不斷累積知識和經驗，而知識和經驗的增長有正向循環遞增作用。因此，高管的任職時間是其人力資本價值的重要顯性指標，高管任期對高管薪酬具有決定性的影響，能夠深刻理解業務的公司高管對自己的管理能力和控制業務的能力更加自信，表現出敢於承受環境不確定性的能力，也不太懼怕較長期限的投資項目。高管在公司的任期越長，對公司文化、制度背景等方面的認識就越深刻，使得其在決策時更不可能偏離公司的核心競爭力。江偉（2010）也認為，總經理任期是總經理人力資本的反應，其任期長度影響總經理的薪酬水平。基於上述分析，本章提出研究假設 H4-3 檢驗高管任期與高管薪酬之間的關係。

假設 H4-3：高管任期與高管薪酬顯著正相關，即高管任期越長則獲得的薪酬水平越高。

樣本公司董事長和總經理樣本的年齡、性別和任期信息見表 4-2。從表中可知，樣本公司總經理的平均年齡為 48.33 歲，董事長為 51.95 歲，董事長的年齡稍長於總經理；在性別上，無論國企還是非國企，樣本公司男性高管遠多於女性高管，女性總經理僅占 6%，女性董事長僅為 5%；國企和非國企總經理的平均任期均低於董事長，國企高管的平均任期略低於非國企高管的平均任期。

表 4-2　　董事長和總經理的年齡、性別和任期信息

職務	樣本	控股分佈		年齡（歲）	男	女	任職年限（年）
總經理	5,298	國企	2,731	49.07	2,625	106	2.84
		非國企	2,567	47.54	2,348	219	3.23

表4-2(續)

職務	樣本	控股分佈		年齡(歲)	男	女	任職年限(年)
董事長	4,657	國企	1,840	51.90	1,769	71	3.23
		非國企	2,817	51.99	2,656	161	3.89

(4) 高管的學歷。

依據人力資本理論，教育投資是人力資本的表現形式。高管的教育投資反應高管受教育程度以及學歷水平。學歷是衡量高管能力水平的一種信號。高管的教育水平反應高管的認知能力和知識水平。高管的教育程度是影響高管薪酬的主要因素（邱茜，2011）。Lazear（2011）提出，如果存在競爭性的經理人市場，依據高管的能力水平調整工資水平，而高管能力水平可以通過高管的教育水平予以反應。汪金龍和李創霏（2007）利用82家中部地區上市公司為樣本研究高管學歷與高管薪酬的關係，發現高管學歷與高管薪酬正關係。環境的不確定性使得上市公司偏好高學歷的高管來抵禦風險，其主要原因是學歷高的高管認識能力平均高於學歷低者，學歷高的高管對複雜問題的理解能力和對不確定性風險的忍耐能力更強。學歷水平是表徵高管個人知識和專業水平最簡單的外顯指標。因此，本章提出假設H4-4檢驗高管學歷與高管薪酬之間的相關關係。

假設H4-4：高管學歷顯著影響其薪酬水平，即高管學歷越高則其薪酬水平也越高。

樣本公司董事長和總經理的學歷信息見表4-3。由表中可知，樣本公司董事長具有本科以上學歷占比為87.3%，研究生以上學歷為54.2%；樣本公司總經理具有本科以上學歷占比為88%，研究生以上學歷為54.1%。表明樣本公司董事長和總經理的學歷層次沒有差異。

表 4-3　　　　　　董事長和總經理學歷信息

學歷 職位	博士		碩士		本科		大專		合計
	數量	比例	數量	比例	數量	比例	數量	比例	
總經理	307	5.8%	2,559	48.3%	1,796	33.9%	636	12%	5,298
董事長	335	7.2%	2,189	47%	1,546	33.1%	587	12.6%	4,657

(5) 高管的工作經歷。

高管工作經歷是指個人曾經從事的工作領域，是個人通過工作來學習專業

知識和技能的主要途徑，也是將來運用這些知識和技能的重要領域。高管過去的經歷一定程度上影響高管的決策視野，對信息的詮釋和對信息的選擇性感知也受到高管經歷的影響，高管經歷最終會影響公司的經營決策和經營行為（Hambrick & Mason，1984）。獲得競爭優勢是企業的主要目標（Barney，1991），而企業要取得競爭優勢首先需要對環境進行理解和把握。對處於競爭性產品市場的公司來說，高管是否具備把握市場、理解市場的能力是企業取得競爭優勢的關鍵。市場主導下的企業更加青睞具有產出型背景的人員。高管的工作背景影響高管的行為和關注領域，具有銷售、研發背景的高管更加關注市場和產品的需求，而擁有過程背景的高管則更加關注產品的生產流程。邱茜（2011）指出高管的職業經歷是決定其薪酬水平的重要因素。高管的工作經歷和擁有某種技能水平在我國表現為高管的職稱水平，高管職稱是高管過去工作經歷的體現，高管職稱層次越高則意味著高管的水平越高，其薪酬水平相應也就越高。因此，本章提出假設 H4-5 檢驗高管職稱層級與高管薪酬之間的關係。

假設 H4-5：高管職稱層次顯著影響其薪酬水平，即高管職稱越高其薪酬水平也越高。

（6）高管的社會關係。

高管的社會關係也叫社會資本，社會資本分為外部社會資本和內部社會資本。社會資本是企業的一種關鍵資本，尤其是外部社會資本。社會資本有助於企業完成任務，為客戶和股東創造價值。社會關係網路對高管的聲望具有符號效應，即知道高管社會資本的人越多越有助於改善高管的社會地位並提高高管的社會威望，社會網路關係能夠提高高管的人力資本價值。高管社會關係反應其擁有的人脈資源，人脈資源不僅體現高管人力資本價值，也會給公司帶來較好的盈利機會並增加公司價值。若高管具有良好的社會關係，則這種社會關係能夠給雇用他的公司帶來較好的公司業績，該高管可能獲得較高的薪酬支付。高管對外兼職類型反應其社會關係網路程度，兼職類型越多則反應高管的人際關係越好，高管可動用的社會資本越多。因此，本章提出假設 H4-6 檢驗高管社會關係與高管薪酬之間的關係。

假設 H4-6：高管的社會關係與其薪酬水平正相關，即高管的社會關係網越廣則其薪酬水平就越高。

公司高管的兼職分為兼任 CEO 或（和）董事長、其他兼職、沒有兼職三種類型。若高管兼職屬於第一種類型，賦值為 2；其他兼職，賦值為 1；無兼職為 0。總經理和董事長的兼職信息和職稱信息見表 4-4。由表中可見，總經

理在外部兼職的比例為84%，其中國企為81.8%（23.2%+58.6%），非國企為86.7%（29.3%+57.4%）；董事長在外部兼職的比例為89.7%，其中國企為88.3%（48.5%+39.8%），非國企為91%（49.6%+41.4%）。這說明上市公司高管對外兼職是一種普遍現象。高管的職稱水平多數具有副高以上職稱，總經理副高以上職稱占77.5%，其中國企為79.3%（5.6%+73.7%），非國企為75.6%（4.7%+70.9%）；董事長副高以上職稱占76.7%，其中國企為80.4%（9.1%+71.3%），非國企為74.2%（15.7%+58.5%）。由此可見，國企高管的職稱層級高於非國企，而國有企業高管對外兼職的比例低於非國有企業高管。

表4-4　　　　　　　董事長和總經理兼職類型與職稱信息

職務	樣本	兼任職務（人數/比例%）		職稱（人數/比例%）			
		CEO/董事長	其他職務	正高	副高	中級	初級
總經理 5,298	國企 2,731	633/23.2	1,600/58.6	152/5.6	2,013/73.7	543/19.9	22/0.8
	非國企 2,567	752/29.3	1,473/57.4	120/4.7	1,821/70.9	590/23	36/1.4
董事長 4,657	國企 1,840	892/48.5	732/39.8	167/9.1	1,312/71.3	346/18.8	15/0.8
	非國企 2,817	1,396/49.6	1,158/41.4	442/15.7	1,649/58.5	715/25.4	11/0.4

（7）高管的政府背景。

在我國特殊的市場環境下，政府與市場的關聯程度遠高於發達的資本主義國家。在我國，政府對市場經濟的干預和對稀缺資源的控制廣泛存在，政府干預導致企業的經營環境存在較大的不確定性。Guthrie（1997）認為，政府干預給企業帶來的不確定性最為突出的是政治不確定性和行政管理的不確定性。政治不確定性主要表現為政策變化帶來的不確定性，行政管理的不確定性主要是指政府和執法部門工作的不透明性和不規範性所帶來的不確定性。行政管理不確定性給企業帶來經營上不可預測的風險。當企業面臨政府干預以及由此帶來的環境不確定性時，就需要政治資源來緩解政策變化和行政管理不確定性對企業帶來的不利影響。企業迫切需要具有政治資源的高管擔任公司高管，如果高管擁有政治資本，當企業面臨較高的政策風險時，就可以利用高管的政治資本緩衝政策風險壓力。企業政策風險越高，對政治資源的需求就越大，高管具備的政治資本就越重要。張建君和張志學（2005）認為，高管的政治資本和政治身分具有較高的市場價值，甚至與企業的信譽直接掛鉤。當CEO與政府關係密切時，公司更傾向於聘請官員而不是具有專業背景的人士任公司董事。在我國特殊制度背景下，高管的政治背景意味著該高管能夠獲得來自政府的支持，更容易獲得政府資源。相應地，具有政治背景的高管獲得的薪酬水平也就

越高。基於上述分析，提出研究假設 H4-7 檢驗高管政治背景與其薪酬水平之間的關係。

假設 H4-7：高管的政府背景顯著影響高管薪酬，即高管政府背景行政級別越高則其獲得的薪酬水平也就越高。

4.2.2 模型設計與變量

本章構建模型（I）來分析高管特質對其薪酬水平的影響，各變量的定義及說明見表 4-5。

$$Lnpay = \alpha + \beta_1 Age + \beta_2 Edu_i + \beta_3 Prof_i + \beta_4 Tenu + \beta_5 Soci_i + \beta_6 Gov_i + \beta_7 Sex_i + \varepsilon \tag{1}$$

表 4-5　　　　　　　　　變量定義及說明

變量名稱	變量	計算方法及說明
高管薪酬水平	Lnpay	總經理/董事長的年度薪酬總額的對數
高管年齡	Age	總經理/董事長的年齡
高管教育水平	Edu	總經理/董事長的學歷（3 博士，2 碩士，1 本科，0 專科及以下）
高管經歷	Prof	總經理/董事長的職稱（3 正高，2 副高，1 中級，0 初級及以下）
高管任期	Tenu	擔任總經理/董事長的年限
高管社會關係	Soci	總經理/董事長兼職類型（2 兼任 CEO/董事長/同時兼任 CEO 和董事長；1 兼其他職務；0 無兼職）
高管政治背景	Gov	總經理/董事長的政府背景層級（2 中央；1 地方；0 無政府背景）
高管性別	Sex	總經理/董事長的性別（1 男性；0 女性）

4.2.3 高管特質的實證結果與分析

本章的所有實證研究均同時採用董事長和總經理兩個樣本，目的是得到更為說服力的研究結論。

（1）高管特質的描述性統計。

為了盡可能充分地反應高管個體特質對薪酬的影響，本章選取董事長/總經理的年齡、學歷、職稱、任期、社會關係、性別和政府背景表徵高管的個人特質，各變量的描述性統計見表 4-6、表 4-7。由表中可知，樣本公司董事長

平均薪酬對數的均值為12.91，最小值為2.48，最大值為16.8；而總經理平均薪酬對數的均值、最小值和最大值分別為12.92、8.79和15.85。在高管個人特質方面，總經理的平均年齡為48.62歲，董事長為51.96歲，董事長的年齡略高於總經理；在受教育程度上，總經理和董事長學歷平均為本科以上；職稱層次上，總經理和董事長的均值都高於2，也就是說兩個樣本中以副高職稱為主；高管任職，總經理和董事長的平均任期分別為3.03年和3.62年；在社會關係上，均值都高於1，說明上市公司高管均具有至少1個社會兼職；在政府工作背景上，董事長的均值為0.32，總經理的均值為0.14，表明董事長具有政府工作背景的高於總經理；總經理和董事長在性別上沒有顯著差異，均以男性為主，女性擔任公司高管的比例較小。

表4-6　　　　樣本公司總經理特質的描述性統計

變量	樣本量	均值	標準差	最小值	25%分位數	中值	75%分位數	最大值
Lnpay	5,298	12.92	0.76	8.79	12.48	12.95	13.41	15.85
Age	5,298	48.62	6.3	25	44	48	52	75
Edu	5,298	1.02	1	0	0	1	2	3
Prof	5,298	2.01	1.12	1	1	2	3	4
Tenu	5,298	3.03	2.47	0.08	1.17	2.33	4.5	16.58
Soci	5,298	1.1	0.64	0	1	1	2	2
Gov	5,298	0.14	0.4	0	0	0	0	2
Sex	5,298	0.94	0.24	0	1	1	1	1

表4-7　　　　樣本公司董事長特質的描述性統計

變量	樣本量	均值	標準差	最小值	25%分位數	中值	75%分位數	最大值
Lnpay	4,657	12.91	1.01	2.48	12.51	13.02	13.49	16.8
Age	4,657	51.96	7.31	27	47	51	57	85
Edu	4,657	1.07	1.05	0	1	2	3	4
Prof	4,657	2.13	1.18	1	1	2	3	4
Tenu	4,657	3.62	2.78	0.08	1.33	2.67	5.75	19
Soci	4,657	1.39	0.67	0	1	1	2	2
Gov	4,657	0.32	0.58	0	0	0	0	2
Sex	4,657	0.95	0.22	0	1	1	1	1

（2）高管特質變量間的相關性分析。

模型（I）中變量間的 Pearson 相關係數見表 4-8、表 4-9。可見，高管的年齡、學歷、職稱、任期、社會關係和政府背景與高管薪酬之間存在較強的正相關關係，其顯著性水平均為 1%，這表明高管的年齡 Age、學歷 Edu、職稱 Prof、社會關係 Soci 和政府背景 Gov 是影響高管薪酬的重要因素。高管的性別 Sex 與高管薪酬 Lnpay 之間的關係不穩定，在總經理樣本中，高管性別 Sex 與總經理薪酬 Lnpay 正相關但不顯著，而在董事長樣本中，高管性別 Sex 與董事長薪酬 Lnpay 負相關但不顯著，這表明高管性別 Sex 不是影響高管薪酬 Lnpay 的決定因素。此外，本章還對各變量進行了多重共線性分析，在董事長和總經理兩個樣本中各變量之間的方差擴大因子 VIF 均小於 2，這表明本章研究所選擇的高管個人特質變量能夠作為高管人力資本的代理變量，適合對模型（I）進行多元迴歸分析。

表 4-8　　　　高管薪酬與總經理個人特質變量的相關性分析

變量	Lnpay	Age	Edu	Prof	Tenu	Soci	Gov	Sex
Lnpay	1.00							
Age	0.1373***	1.00						
Edu	0.4607***	0	1.00					
Prof	0.6289***	0.1486***	0.6275***	1.00				
Tenu	0.1662***	0.1634***	0.0996***	0.14***	1.00			
Soci	0.1635***	0.0826***	0.1085***	0.0850***	0.1861***	1.00		
Gov	0.0316**	0.1109***	0.0939***	0.0713***	0.0487***	0.1212***	1.00	
Sex	0.0133	0.0133	−0.004	0.049***	−0.0322**	−0.0242*	−0.0442***	1.00

表 4-9　　　　高管薪酬與董事長個人特質變量的相關性分析

變量	Lnpay	Age	Edu	Prof	Tenu	Soci	Gov	Sex
Lnpay	1.00							
Age	0.1277***	1.00						
Edu	0.4236***	−0.034**	1.00					
Prof	0.5811***	0.1470***	0.5764***	1.00				
Tenu	0.1301***	0.1961***	0.0754***	0.1511***	1.00			
Soci	0.079***	0.0874***	0.0906***	0.0733***	0.1396***	1.00		
Gov	0.0872***	0.0945***	0.126***	0.131***	0.0469***	0.1157***	1.00	
Sex	−0.0129	0.0472***	−0.0245*	−0.0095	−0.0021	−0.0073	−0.054***	1.00

(3) 高管特質的迴歸分析。

高管特質與實際薪酬的關係在高管個體層面的迴歸分析見表 4-10 和表 4-11，其中，表 4-10 為總經理特質個體層面的檢驗結果，表 4-11 為董事長特質個體層面的檢驗結果。

由表 4-10 可見，總經理的年齡、任期與總經理薪酬在 1% 水平上顯著正相關；總經理的本科、碩士和博士學歷水平顯著影響其薪酬水平；總經理的中級、副高和正高職稱同樣顯著影響其薪酬水平；總經理的外部兼職以及中央部委工作背景是影響總經理薪酬的顯著變量。但是，總經理的地方工作背景和性別與其薪酬之間不存在顯著性關係。這說明總經理薪酬水平受到年齡、學歷、職稱、任期、社會關係以及政府背景的顯著影響，即檢驗假設 H4-1、H4-3～H4-7 在總經理樣本中獲得證明。總經理的性別與薪酬正相關但不顯著，說明總經理薪酬水平沒有受性別的影響。

表 4-10　　　　　　　總經理個人特質的單層迴歸分析

解釋變量	被解釋變量：Lnpay							
	a	b	c	d	e	f	g	h
Age	0.017***							0.005***
	(10.09)							(4.21)
Edu_1		0.439***						0.037
		(17.70)						(1.56)
Edu_2		0.589***						0.066***
		(27.04)						(2.94)
Edu_3		1.328***						0.428***
		(34.57)						(11.28)
$Prof_1$			0.635***					0.588***
			(26.49)					(23.35)
$Prof_2$			0.662***					0.569***
			(33.36)					(24.27)
$Prof_3$			1.460***					1.265***
			(59.39)					(42.77)
$Tenu$				0.051***				0.014***
				(12.27)				(4.34)
$Soci_1$					0.409***			0.265***
					(14.06)			(11.72)
$Soci_2$					0.445***			0.277***

表4-10(續)

解釋變量	被解釋變量：Lnpay							
	a	b	c	d	e	f	g	h
					(13.60)			(10.97)
Sex				0.042				-0.006
				(0.97)				(-0.20)
Gov_1							-0.013	-0.054**
							(-0.39)	(-2.12)
Gov_2							0.286***	-0.042
							(3.87)	(-0.77)
截距項	12.118***	12.561***	12.483***	12.766***	12.707***	12.882***	12.917***	11.965***
	(150.70)	(883.36)	(1,101.59)	(779.62)	(616.43)	(303.85)	(1,155.70)	(172.78)
Ad. R^2	0.0187	0.2299	0.4279	0.0274	0.0405	-0.0000	0.0025	0.4668
F	101.74***	528.21***	1321.38***	150.44***	112.75***	0.93	7.65***	357.66***
樣本量	5298	5298	5298	5298	5298	5298	5298	5298

註：①括號內數值為T統計量；②***、**和*分別表示1%、5%和10%顯著性水平。

由表4-11可知，董事長的年齡、學歷、職稱、任期、社會關係和政府背景均與董事長薪酬在1%水平上顯著正相關，表明董事長的年齡、任期、學歷、職稱、社會關係以及政府背景等特質因素是決定董事長薪酬的重要因素，能夠作為代理變量測度董事長的人力資本價值。董事長的性別不是薪酬決定的顯著因素。在董事長樣本中，研究假設H4-1和H4-3~H4-7均得到實證支持，與表4-10總經理個體特質的研究結論相同。

表4-11 董事長個人特質的單層迴歸分析

解釋變量	被解釋變量：Lnpay							
	a	b	c	d	e	f	g	h
Age	0.017***							0.007***
	(8.78)							(4.36)
Edu_1		0.520***						0.106***
		(14.23)						(3.09)
Edu_2		0.635***						0.119***
		(20.19)						(3.76)
Edu_3		1.449***						0.508***
		(31.34)						(10.73)
$Prof_1$			0.905***					0.825***

表4-11（續）

解釋變量	被解釋變量：Lnpay							
	a	b	c	d	e	f	g	h
			(24.31)					(21.40)
$Prof_2$		0.734***						0.604***
		(25.42)						(18.38)
$Prof_3$		1.656***						1.410***
		(51.25)						(36.22)
$Tenu$				0.047***				0.011***
				(8.95)				(2.63)
$Soci_1$					0.416***			0.245***
					(8.22)			(5.98)
$Soci_2$					0.393***			0.172***
					(7.90)			(4.29)
Sex						-0.059		-0.026
						(-0.88)		(-0.51)
Gov_1							0.132***	0.065**
							(3.62)	(2.26)
Gov_2							0.324***	0.043
							(5.22)	(0.87)
截距項	12.008***	12.486***	12.334***	12.743***	12.550***	12.968***	12.866***	11.727***
	(115.47)	(620.10)	(727.32)	(534.86)	(277.61)	(198.14)	(759.89)	(117.13)
Ad. R^2	0.0161	0.1958	0.3786	0.0167	0.0148	-0.0000	0.0073	0.4043
F	77.1***	378.77***	946.47***	80.16***	36.02***	0.77	18.05***	244.03***
樣本量	4657	4657	4657	4657	4657	4657	4657	4657

公司高管的人力資本價值是決定其薪酬水平的重要基礎，而選擇恰當指標分析高管人力資本價值是高管薪酬設計的前提條件。表4-10和表4-11的實證結果表明，董事長和總經理的個人特質均顯著影響其薪酬水平，高管人力資本價值越大其薪酬水平越高。因此，本章選取高管年齡、學歷、任期、職稱、政府背景和社會關係六個指標表徵高管個人特質因素，度量高管的人力資本薪酬。

4.3 高管薪酬的組織層面分析

公司特徵影響高管的選聘，公司一般會選擇與其特徵匹配的人擔任公司高管。通常情況下，公司會依據戰略選擇聘任勝任力強的人擔任高管，大公司傾向於選擇熟悉本公司業務、履職時間長的人士擔任公司董事長或總經理，績效差的公司更傾向於從外部選聘高管來改變公司的窘境。Jensen & Meckling（1976）指出，高管的薪酬水平是公司規模的增函數。Gordon & Parbudyal（2014）研究發現，公司的生命週期影響 CEO 的薪酬水平。步丹璐等（2010）選擇公司規模、監督成本、成長機會、現金流、行業等公司特徵指標衡量高管的合理薪酬水平。

4.3.1 公司特徵分析與研究假設

公司特徵是董事長和總經理薪酬的重要決定因素。借鑑現有文獻，本章選擇下列變量表徵公司特徵，研究公司特徵對高管薪酬的影響。

（1）公司業績。

理想的薪酬契約需根據高管能力和高管努力程度來設計。現實中，高管的能力和努力程度均無法直接衡量，高管能力發揮的程度和努力的結果只能通過公司的業績間接度量。考核高管努力程度的業績指標通常有財務業績指標和市場業績指標。財務業績指標具有可比性和數據可獲取性等優勢，備受理論和實務界的青睞，如辛清泉等（2007）研究發現，高管薪酬對會計業績（如 Roa、Roe 等）具有較強的敏感性。然而，不少研究者發現會計業績容易被操縱，導致會計業績不能真實反應高管的能力和努力程度。作為會計業績的替代指標，市場業績具有客觀性和不容易被操縱等特點。因此，對高管業績進行考核，最恰當的方法是兼顧會計業績和市場業績兩類指標。會計業績的代理指標有總資產收益率、淨資產收益率、長期資產報酬率等指標。近年來，營業利潤率指標在理論和實務界得到廣泛的應用，如 Palia（1998）、Himmelberg et al.（1999）發現，經營性利潤與管理層激勵顯著正相關；饒品貴和姜國華（2013）的研究使用營業利潤率作為公司業績的代理指標，並認為營業利潤率能夠避免企業運用線下項目進行盈余操縱。借鑑方軍雄（2012）的做法，本章運用會計業績指標和市場業績指標綜合評價公司業績，選擇營業利潤率表徵會計業績，選擇市場回報率表徵市場業績。因此，本章提出假設 H4-8 分析公司業績對高管

薪酬的影響。

H4-8：高管薪酬與公司業績顯著正相關，即公司業績越好高管的薪酬水平就越高。

（2）公司規模。

Demsetz & Lehn（1985）認為，高管的薪酬受公司規模的影響，規模越大的公司對高管能力要求越高。只有具備較強的經營能力和願意付出更多努力的高管才能勝任大規模公司高管，大規模公司高管的報酬也就越高。Smith & Watts（1992）指出，大規模公司對高管的要求相對更高，因而傾向於支付相對較高的薪酬。公司規模大小與高管能力水平密切相關，規模大的公司有實力去聘請高能力型高管，當某個高管表現出較高的管理才能時，他到更大公司工作的概率更大。同樣，公司規模對高管的努力程度有放大功能，高管的邊際勞動貢獻率會隨著公司規模的增大而增加，即個人業績是公司規模的增函數。Conyon & Murphy（2000）認為，大公司管理者的薪酬水平遠高於小公司，即高管薪酬與公司規模呈顯著正相關關係。這一觀點得到了陳震和丁忠明（2011）、盧銳等（2011）等實證研究的支持。在公司規模的度量指標上，Lin（2005）、Firth et al.（2006）選擇總資產規模表徵公司規模，Brick（2006）採用銷售額衡量公司規模，陳冬華等（2005）則選擇主營業務收入作為公司規模的代理指標。基於上述理論分析，本章提出假設 H4-9。

H4-9：高管薪酬受到公司規模顯著影響，即公司規模越大則高管薪酬水平就越高。

（3）公司的成長性。

Smith & Watts（1992）發現，高管的薪酬水平與公司的成長機會顯著正相關。Jensen（1986）發現，具有低成長機會和高現金流量的公司會產生代理問題，從而影響高管薪酬的激勵水平。公司投資額的增加意味著公司具有良好的成長機會。新的投資或者追加投資需要管理者花費更多的時間和精力，付出更多的努力並承擔更高的風險，相應地，高管的薪酬水平也就越高。Core et al.（1999）在度量高管合理薪酬時，將投資機會看作公司高管合理薪酬的重要變量。衡量公司成長性的代理變量有銷售增長率、投資增長率、市帳比和可持續增長率等指標，本章選擇可持續增長率衡量公司的成長機會。為了分析公司成長性對高管薪酬的影響，本章提出假設 H4-10。

H4-10：高管薪酬與公司成長性顯著正相關，即公司成長性越好高管的薪酬水平越高。

（4）公司風險。

在公司經營活動中，所有者存在信息不對稱，導致代理人存在機會主義行為。Miller & Bromiley（1990）提出，經營者必須承擔無法預料的風險，當公司業績較好時，經營者可以獲得與績效相對應的報酬；當公司業績較差時，經營者也應該承擔由此帶來的報酬削減。杜勝利和翟豔玲（2005）指出，從績效報酬的角度考慮，隨著經營者承擔風險的增加，總經理的報酬也應該隨之增加。陳震和丁忠明（2011）認為，公司股東與債權人之間存在著利益衝突，良好的高管薪酬契約不僅要考慮權益的代理成本，而且要兼顧負債的代理成本。因此，上市公司在設計高管薪酬契約時，薪酬委員會需要考慮讓高管承擔一定的風險，風險與高管薪酬之間存在正相關關係。基於上述分析，本章提出假設 H4-11。

H4-11：高管薪酬與公司風險之間呈正相關關係，即高管承擔風險越大則其薪酬水平也應越高。

（5）國際化程度。

一般來說，同時在多個資本市場上市的跨國公司對高管要求更高，高管是否具備國際化背景，是否熟悉跨國經營業務等特殊要求將是國際化程度高的公司選聘高管的重要依據，受聘的總經理和董事長必須具備與之相適應的特殊才能。與此同時，國際化程度高的公司面臨國際化的競爭環境，其高管的薪酬水平也應與國際市場接軌，國際化程度高的公司要選聘到勝任能力強的高管必然需要支付競爭性的高薪酬。Firth et al.（2010）利用 2000—2005 年的數據研究發現，經理人薪酬與其所在公司是否同時在境外發行股份存在顯著的正相關關係。上市公司是否為跨國公司或同時發行 B 股或 H 股，可以作為公司特徵變量來衡量高管經營業務的複雜程度和難易程度。一般來說，公司國際化程度越高，公司高管的薪酬水平也就越高。為了分析國際化程度對公司高管薪酬的影響，本章提出假設 H4-12。

H4-12：公司國際化程度越高，高管的薪酬水平越高。

（6）公司的上市年齡。

Core et al.（2008）指出，高管的薪酬水平受到公司的上市年限的影響。方軍雄（2012）也認為，公司的上市年齡是影響高管薪酬的主要因素之一。此外，這一論點還得到 Firth et al.（2006a，2006b）、Ke et al.（2010）的支持。因此，本章提出假設 H4-13 檢驗公司的上市年齡對高管薪酬的影響。

H4-13：公司的上市年齡與高管薪酬存在正相關關係，即公司上市時間越長，公司高管的薪酬水平越高。

除了公司業績、公司規模、成長性、公司風險、國際化程度和上市年齡等公司特徵變量外，公司的營運能力對高管薪酬也有著重要影響。在其他因素一定的情況下，公司資產週轉速度越快，資產營運效率越高，公司營運能力越強，公司的獲利水平也越強。可以預測，公司營運能力對高管薪酬具有顯著的正向影響。為此，本章提出研究假設 H4-14。

H4-14：公司高管薪酬與長期資產週轉率顯著正相關，即公司營運能力越好，高管的薪酬水平越高。

4.3.2　模型設計與變量

為了盡可能充分、合理地分析公司特徵對高管薪酬的影響，本章選擇公司業績、公司規模、成長性、上市年齡、公司風險、國際化程度等指標來衡量公司特徵，並度量高管薪酬在公司層面的薪酬水平。營業利潤是企業的核心盈余，它具有更高的可持續性和預測能力，因而也更能代表公司的經營成果。借鑑呂長江和趙宇恒（2008）的做法，本章用營業利潤率表徵公司會計業績，同時，用市場回報率表徵公司的市場績效。借鑑 Brick et al.（2006）、權小鋒等（2010）、鄭志剛等（2012）的做法，本章選取托賓 Q 度量公司價值，表徵公司規模。按照通行做法，本章還選用公司資產的自然對數表徵公司規模。此外，利用資產負債率表徵財務風險，可持續增長率表徵公司成長性，長期資產週轉率表徵公司營運能力，並控制年度效應。各變量定義見表 4-12。

研究中所使用的樣本為總經理 5,298 個、董事長 4,657 個，並對連續變量按上下 1%/99% 進行縮尾處理（Winsorize）。對會計業績、市場業績、公司規模、成長性、上市年齡、公司風險等指標均採用滯后一期值，以減輕內生性問題的困擾。為了驗證上述公司層面的研究假設，本章構建如下模型（Ⅱ）：

$$Lnapy = \alpha + \beta_1 Ros + \beta_2 Ret + \beta_3 Size + \beta_4 Growth + \beta_5 Lage + \beta_6 Lev + \beta_7 BH + \beta_8 TQ + \beta_9 Lturn + \sum Year + \varepsilon \quad (Ⅱ)$$

各變量的定義及說明如下表 4-12，高管個人特質變量的定義見表 4-5。

表 4-12　　　　　　　　變量定義及說明

變量名稱	變量	計算方法及說明
高管薪酬	$Lnpay$	總經理或董事長年度薪酬的對數
公司業績：會計業績 　　　　　市場業績	Ros Ret	營業利潤率（營業利潤/營業收入） 年回報率（包含紅利的年回報率）

表4-12(續)

變量名稱	變量	計算方法及說明
公司規模：資產規模 　　　　市場價值	Size TQ	公司資產的對數 托賓Q值
成長性	Growth	可持續增長率＝淨資產收益率×收益留存率/（1－淨資產收益率×收益留存率）
上市年齡	Lage	上市年齡的對數
公司風險	Lev	資產負債率＝平均負債/平均資產
國際化程度	BH	虛擬變量，若公司同時發行H股或B股，取值為1，否則為0
營運能力	Lturn	長期資產週轉率＝年營業收入/平均長期資產

4.3.3 公司特徵的實證結果與分析

（1）公司特徵的描述性統計。

表4-13、表4-14報告了模型（II）中各變量的描述性統計。

表4-13　　總經理所在公司特徵變量的描述性統計

變量	樣本量	均值	標準差	最小值	25%分位數	中值	75%分位數	最大值
Lnpay	5,298	12.92	0.76	8.79	12.48	12.95	13.41	15.85
Ros	5,298	0.06	0.19	-1.05	0.01	0.05	0.12	0.6
Ret	5,298	0.13	0.68	-0.87	-0.25	-0.03	0.28	11.85
Size	5,298	21.79	1.21	16.52	20.99	21.69	22.48	27.39
Growth	5,298	0.05	0.13	-0.68	0.01	0.05	0.09	0.42
BH	5,298	0.04	0.19	0.0	0.0	0.0	0.0	1.0
Lev	5,298	0.5	0.81	0.01	0.31	0.48	0.64	41.94
Lage	5,298	2.22	0.72	0.0	1.79	2.48	2.77	3.14
TQ	5,298	1.94	1.31	0.62	1.2	1.5	2.15	8.94
Lturn	5,298	2.73	3.97	0.1	0.91	1.62	2.93	28.68

表4-14　　　董事長所在公司特徵變量的描述性統計

變量	樣本量	均值	標準差	最小值	25%分位數	中值	75%分位數	最大值
Lnpay	4,657	12.91	1.01	2.48	12.51	13.02	13.49	16.8
Ros	4,657	0.06	0.22	-1.38	0.02	0.06	0.13	0.62
Ret	4,657	0.13	0.66	-0.83	-0.25	-0.02	0.29	11.85
Size	4,657	21.75	1.19	16.52	20.97	21.63	22.39	28.48
Growth	4,657	0.05	0.14	-0.76	0.02	0.05	0.1	0.41
BH	4,657	0.03	0.17	0	0	0	0	1
Lev	4,657	0.49	0.83	0.01	0.3	0.47	0.63	41.94
Lage	4,657	1.87	0.91	0	1.1	2.2	2.64	3.14
TQ	4,657	1.93	1.22	0.68	1.22	1.52	2.14	8.03
Lturn	4,657	2.68	3.58	0.11	0.93	1.63	2.95	25.37

（2）公司特徵變量的相關性分析。

表4-15、表4-16報告了公司業績、公司規模、成長性、公司風險、國際化程度、上市年齡、營運能力等公司特徵變量與總經理或董事長薪酬的Pearson簡單相關係數。從表中可知，上市公司的營業利潤率 Ros、公司規模 Size、公司成長性 Growth、國際化程度 BH、長期資產週轉率 Lturn 與高管薪酬 Lnpay 之間顯著正相關，顯著性水平均為1%。市場回報率 Ret、資產負債率 Lev、上市年齡 Lage 以及托賓 Q 值 TQ 與高管薪酬 Lnpay 顯著負相關。為了防止多重共線性問題，本章對總經理樣本和董事長樣本均進行了多重共線性檢驗。總經理和董事長樣本中，公司特徵代理變量之間的方差擴大因子 VIF 均小於5，表明模型不存在嚴重多重共線性問題，適合進行多元迴歸分析。

表4-15　　　總經理所在公司特徵變量的相關性分析

變量	Lnpay	Ros	Ret	Size	Growth	BH	Lev	Lage	TQ	Lturn
Lnpay	1.00									
Ros	0.272***	1.00								
Ret	-0.026*	0.045***	1.00							
Size	0.335***	0.2***	-0.094***	1.00						
Growth	0.259***	0.551***	0.096***	0.149***	1.00					
BH	0.047***	-0.046***	0.016	0.02	-0.004	1.00				
Lev	-0.046***	-0.267***	0.036***	-0.025*	-0.043***	0.122***	1.00			
Lage	-0.046***	-0.129***	0.024*	0.145***	-0.022	0.209***	0.143***	1.00		

4　高管超額薪酬的度量　73

表4-15(續)

變量	Lnpay	Ros	Ret	Size	Growth	BH	Lev	Lage	TQ	Lturn
TQ	-0.11***	-0.113***	0.284***	-0.489***	0.043***	0.065***	0.147***	0.132***	1.00	
Lturn	0.156***	0.018	0.005	0.036***	0.174***	0.03**	0.054***	-0.005	0.024*	1.00

表 4-16　　董事長所在公司特徵變量的相關性分析

變量	Lnpay	Ros	Ret	Size	Growth	BH	Lev	Lage	TQ	Lturn
Lnpay	1.00									
Ros	0.217***	1.00								
Ret	-0.028*	0.023	1.00							
Size	0.335***	0.21***	-0.097***	1.00						
Growth	0.21***	0.536***	0.075***	0.202***	1.00					
BH	0.053***	-0.058***	0.008	0.011	-0.000	1.00				
Lev	-0.048***	-0.303***	0.045***	-0.014	-0.038***	0.113***	1.00			
Lage	-0.065***	-0.148***	0.022	0.169***	-0.043***	0.193***	0.147***	1.000		
TQ	-0.148***	-0.113***	0.301***	-0.449***	0.017	0.052***	0.121***	0.135***	1.00	
Lturn	0.114***	0.043***	0.013	0.116***	0.17***	-0.007	0.027**	-0.038***	-0.022	1.00

備註：***、**和*分別表示1%、5%和10%顯著性水平。

（3）公司特徵的迴歸分析。

表4-17報告了總經理和董事長所在公司特徵與高管薪酬薪酬之間關係的迴歸結果。為了減輕內生性問題的困擾，迴歸中所使用的公司特徵變量均採用滯后一期值進行迴歸，導致總經理有效樣本由原來的5,298個變為3,606個，董事長有效樣本由原來的4,657個變為2,927個。由表4-17可知，在總經理和董事長兩個樣本中，營業利潤率、公司規模、成長性、國際化程度、長期資產週轉率與高管薪酬在1%水平上顯著正相關，研究假設H4-8~H4-10、H4-12、H4-14通過驗證。公司規模、國際化程度以及公司業績與高管薪酬顯著正相關，說明公司規模越大、公司業績越好，同時發行B股或H股的上市公司的高管薪酬水平較高。衡量公司市場績效的市場回報率與高管薪酬之間均呈正相關關係，但沒有通過顯著性檢驗。公司的上市年齡與總經理薪酬在5%的水平上顯著負相關，與董事長薪酬在1%水平上顯著負相關，表明隨著公司年齡的增長，高管薪酬呈下降趨勢，與假設H4-13相反。衡量公司風險的資產負債率指標與高管薪酬水平負相關，沒有通過顯著性檢驗，假設H4-11也未獲得實證支持。

表 4-17　　　　　　　　公司特徵的多元迴歸分析

解釋變量	被解釋變量：Lnpay	
	總經理樣本	董事長樣本
Ros	0.605***	0.547***
	(7.73)	(5.15)
Ret	0.023	0.023
	(0.83)	(0.56)
Size	0.190***	0.257***
	(15.84)	(13.84)
Growth	0.527***	0.396**
	(4.67)	(2.45)
BH	0.292***	0.489***
	(4.86)	(4.74)
Lev	-0.008	-0.006
	(-0.55)	(-0.27)
Lage	-0.044**	-0.111***
	(-2.25)	(-5.47)
TQ	0.056***	0.020
	(4.91)	(1.09)
Lturn	0.023***	0.017***
	(7.71)	(3.38)
截距項	8.418***	7.328***
	(32.15)	(17.88)
Year	控制	控制
Ad. R^2	0.2075	0.1398
F	67.56***	37.57***
樣本量	3306	2927

上述實證結果表明，表徵公司特徵的代理變量中，公司業績、公司規模、成長性、公司風險、國際化程度、長期資產週轉率、公司的上市年齡是影響高

管薪酬的顯著性因素，採用這些因素從公司層面分解高管薪酬是適宜的。

4.4 高管薪酬的環境層面分析

高管薪酬除受到高管個人特質和公司特徵的顯著影響外，還受到公司所處環境的影響。Pfeffer & Salancik（1978）指出，環境的差異影響組織對高級管理人員的選聘和免職，其目的在於使高管、組織與其所處的環境更加匹配。組織所處的環境異質性會導致董事會挑選合適的管理者來應對外部環境的變化。環境的不同會造成公司商業價值觀（Baily & Spicer，2007）、公司特徵（Crossland & Hambrick，2007）以及高管的選聘機制（Fredrickson et al.，1988）存在差異，進而導致所選聘的高管存在特質差異（Finkelstein et al.，2009）。高管與組織的匹配除了受到環境影響之外，還受制度因素的影響。企業的外部環境、行業和制度特徵影響高管的選聘（李茜和張建君，2010）。陳冬華等（2010）研究發現，薪酬契約受到諸如信息環境、市場發育程度、法律環境等諸多環境因素的影響，環境因素不同導致高管薪酬契約成本存在差異，同時還對薪酬激勵的效果產生影響。

4.4.1 環境異質性分析與研究假設

公司所處的制度環境因素有公司所處行業、地區市場化程度、經濟週期以及法律健全程度等。

（1）行業因素。

企業的生產經營活動在一定的行業中進行，並受到行業特徵的影響。不同的公司具備不同的生產環境，但是同一行業內的公司，其生產環境具有很高的相關性和相似性。Holmstrom（1979）認為，高管薪酬契約設計指標選擇公司業績，選擇公司業績指標會參考行業內其他企業的業績水平，一般以行業平均業績為標準來設計薪酬激勵機制，而行業平均業績可以過濾掉系統風險，使得對公司高管努力程度的評價更為準確，更能有效地激勵公司管理者。這一觀點得到諸多研究者的支持，比如羅楚亮和李實（2007）、傅娟（2008）等。江偉（2010）進一步分析發現，行業薪酬基準與上市公司高管薪酬增長之間存在一定的關係，上市公司在制定高管薪酬契約時採用行業薪酬基準導致我國上市公司高管薪酬逐漸增長。高管人力資本的稀缺性也是高管薪酬受行業薪酬水平影響的原因之一。對於企業來說，公司高管人力資本是稀缺性資源，特別是能力

水平較高的管理者更是經理人市場追逐的對象。公司為了吸引和留住有才能的管理者並利用其稀缺性經營才能，必須提供與行業平均薪酬水平相當或略高於行業的薪酬水平。正如 Fama（1980）所言，高管薪酬是董事會對高管稀缺性人力資本的定價，事前高薪反應董事會對高管高能力的預期，事後高薪是高管超出市場平均業績水平的回報。由於高管的人力資本價值很難被公允性評估，因此，董事會傾向於選擇行業薪酬的平均值或者中值作為比較基準，把自己公司管理者的薪酬定在等於或者高於行業公司管理者薪酬的平均值或者中值的水平上。可見，行業薪酬均值或中值是決定管理者薪酬的重要參考基準（Baker & Holmstrom, 1995; Bizjak et al. 2008; Faulkender & Yang, 2009）。至於行業變量的處理方法，研究中有採用啞變量描述行業差異，也有採用無形資產占總資產的比例、研發強度等作為行業的測量變量。如於東智（2001）、杜勝利和翟豔玲（2005）分別以無形資產占總資產的比例作為行業變量，更多的學者則採用行業虛擬變量來處理行業差異。

（2）地區市場化程度。

地區市場化程度影響該地區公司高管的薪酬水平。我國地區間經濟發展不平衡，各地區間市場化程度差異很大。夏立軍和陳信元（2007）認為，在市場化程度較高的地區，公司一般按照市場化規則運行，公司管理者的努力程度與公司業績之間的相關性較高，導致公司在為管理者設計薪酬契約時更願意採用公司業績指標，更有動機採用高管薪酬來激勵管理者努力工作。辛清泉和譚偉強（2009）結合國有企業市場化改革的制度背景，發現市場化進程能夠增強國有企業高管薪酬與公司業績之間的敏感性。陳信元等（2009）研究發現，市場化程度影響薪酬管制對國有企業高管薪酬的約束效果。與市場化程度較低的地區相比，市場化程度較高地區的市場經濟發展較早，經濟發展水平較高，其經濟發展受全球化的影響程度越高，導致該地區企業的國際化經營程度較高，因而導致該地區的公司高管薪酬水平較高。同時，市場化程度較高地區的經濟較發達、財力較充沛，使得地區經理人的收入水平普遍較高。我國學者在研究地區市場化程度時，一般認為我國東部地區的市場化程度較高，中西部地區市場化程度相對較低。我國地區市場化程度上的差異使公司高管薪酬也呈現出地區差異，東部地區高管的薪酬水平普遍高於中部和西部地區。吳育輝和吳世農（2010）研究發現，我國中西部地區高管薪酬水平較東部地區的高管薪酬水平低，同時高管的薪酬水平與公司業績之間的關係在中西部地區也存在顯著的負相關關係。此外，我國不少學者在研究高管薪酬的影響因素中，都將地區作為影響高管薪酬的重要變量予以控制，如權小鋒等（2010）、方軍雄

（2011，2012）等。基於上述分析，本章提出假設 H4-15 和 H4-16。

H4-15：高管薪酬水平與公司所在地區的法律健全程度正相關，即公司所在地區法律制度越健全，公司高管的薪酬水平越高。

H4-16：高管薪酬水平與公司所在地區的市場化程度正相關，即公司所在地區市場化水平越高，公司高管的薪酬水平越高。

（3）經濟週期。

姜國華和饒品貴（2011）認為，宏觀經濟政策是微觀企業行為的大背景，微觀企業行為是宏觀經濟政策達成目標的途徑和渠道。經濟週期會影響企業財務行為，進而影響企業的經營業績，同時也會影響高管薪酬。陳震和丁忠明（2011）從管理層權力理論的視角研究了壟斷企業高管薪酬，認為地區平均工資和行業平均工資會影響高管薪酬。魏剛（2000）、諶新民和劉善敏（2003）也得出了類似的研究結論。Firth et al.（2010）發現，總經理薪酬受到公司所在地區生活成本的影響，與所在地區生活成本呈現正相關關係。經濟週期影響公司的經營行為，進而影響公司業績。宏觀經濟環境會對公司資本結構產生重大影響，不存在融資約束的公司會根據經濟週期調整其資本結構，從而影響公司價值。公司所在地區的 GDP 增長率和所在地區人均工資水平是董事會設計高管薪酬的重要參考指標，高管薪酬受地區經濟發展程度的影響（權小鋒等，2010；方軍雄，2011）。

經濟週期的度量指標主要有公司所在地區的 GDP 增長率和所在地區人均工資水平，如 Campello（2003）採用 GDP 增長率作為經濟週期的替代指標，並考察了宏觀經濟週期中負債對會計業績的影響機制。為了分析經濟週期對高管薪酬的影響，本章提出假設 H4-17 和 H4-18。

H4-17：高管薪酬水平與公司所在地區的 GDP 增長速度之間存在正相關關係，即公司所在地區 GDP 增長率越高，則總經理和董事長的薪酬水平也就越高。

H4-18：高管薪酬水平受地區人均工資水平的影響，即地區人均工資水平與總經理和董事長薪酬之間正相關。

4.4.2　模型設計與變量

為了有效分析環境因素對公司高管薪酬的影響，合理度量公司高管的環境異質性薪酬，本章構建如下模型（III）：

$$Lnpay_i = \alpha + \beta_1 Law + \beta_2 Market + \beta_3 GDPgrow + \beta_4 Persalary + \sum Industry + \sum Year + \varepsilon \qquad (III)$$

模型（III）中，被解釋變量為總經理和董事長的年度實際薪酬的自然對數 $Lnpay_i$。解釋變量包括行業差異、市場化進程和經濟週期。其中，行業差異 $Industry$ 為虛擬變量，按照證監會2012年的行業劃分標準分為13個行業；地區市場化進程分別用樊綱指數中的樣本公司所在地區的法律指數 Law 和市場化指數 $Market$ 表示；經濟週期採用地區 GDP 增長率 $GDPgrow$ 和地區人均工資增長率 $Persalary$ 予以度量。此外，本章還控制了年度效應。變量定義見表4-18。

表4-18 變量定義及說明

變量名稱	變量	計算方法及說明
高管薪酬	$Lnpay_i$	總經理和董事長年度實際薪酬的對數
地區法律進程	Law	樊綱地區法律指數（2012年）
地區市場進度	$Market$	樊綱地區市場指數（2012年）
地區經濟發展水平	$GDPgrow$	地區 GDP 的增長率
地區人均工資水平	$Persalary$	地區人均工資增長率

4.4.3 環境異質性的實證結果與分析

（1）環境層面變量的描述性統計。

表4-19、表4-20報告了模型（III）中各變量的描述性統計情況。其中，表4-19為總經理樣本公司環境層面的統計特徵，表4-20為董事長樣本公司環境層面的統計特徵。

表4-19 總經理所在公司環境層面變量的描述性統計

變量	樣本量	均值	標準差	最小值	25%分位數	中值	75%分位數	最大值
$Lnpay_i$	5298	12.92	0.76	8.79	12.48	12.95	13.41	15.85
Law	5298	11.63	5.79	0.18	6.07	8.3	18.72	19.89
$Market$	5298	6.12	1.41	2.28	4.95	6.87	7.39	8.52
$GDPgrow$	5298	110.58	2.14	105.4	108.5	110.1	112.3	117.8
$Persalary$	5298	112.08	3.27	99.13	110.8	112.2	113.8	124.1

表 4-20　　　董事長所在公司環境層面變量的描述性統計

變量	樣本量	均值	標準差	最小值	25%分位數	中值	75%分位數	最大值
$Lnapy_i$	4657	12.91	1.01	2.48	12.51	13.02	13.49	16.8
Law	4657	11.84	5.73	0.18	7.15	8.46	18.72	19.89
$Market$	4657	6.18	1.39	2.28	4.97	6.87	7.39	8.52
$GDPgrow$	4657	110.52	2.1	105.4	108.5	110.1	112.1	117.8
$Persalary$	4657	112	3.18	99.13	110.7	111.9	113.4	124.1

（2）環境層面變量的相關性分析。

表 4-21、表 4-22 報告了模型（III）中各變量間的 Pearson 簡單相關係數。由表可知，高管薪酬與地區法律環境、市場化指數顯著正相關，與地區 GDP 增長率、地區人均工資增長率顯著負相關。這說明高管薪酬受到公司所處地區的法律環境、市場化進程、地區 GDP 增長率和地區人均工資增長率的顯著影響。模型（III）各變量的方差擴大因子在總經理樣本中為 4.42，在董事長樣本中為 4.32，這表明不存在嚴重多重共線性問題。

表 4-21　　　總經理所在公司環境層面變量的相關性分析

變量	$Lnpay$	Law	$Market$	$GDPgrow$	$Persalary$
$Lnapy_i$	1.00				
Law	0.2275[***]	1.00			
$Market$	0.2418[***]	0.825[***]	1.00		
$GDPgrow$	−0.2403[***]	−0.5253[***]	−0.4137[***]	1.00	
$Persalary$	−0.1172[***]	−0.1308[***]	−0.1914[***]	0.409[***]	1.00

表 4-22　　　董事長所在公司環境層面變量的相關性分析

變量	$Lnpay$	Law	$Market$	$GDPgrow$	$Persalary$
$Lnapy_i$	1.00				
Law	0.1832[***]	1.00			
$Market$	0.169[***]	0.8178[***]	1.00		
$GDPgrow$	−0.1641[***]	−0.5194[***]	−0.4113[***]	1.00	
$Persalary$	−0.0769[***]	−0.1581[***]	−0.2249[***]	0.4274[***]	1.00

(3) 環境層面變量的迴歸分析。

表 4-23、表 4-24 報告了環境異質性對高管薪酬水平的迴歸結果。從表中可知，對於衡量環境異質性的代理變量，在控制了行業、年度後，地區法律環境、市場化指數與高管薪酬顯著正相關，假設 H4-15 和 H4-16 通過檢驗。地區 GDP 增長率和地區人均工資增長率與高管薪酬之間存在顯著的負相關關係，研究假設 H4-17 和 H4-18 沒有得到實證支持。將所有的環境代理變量同時進行迴歸時，除了地區人均工資水平外，其他環境代理變量與公司高管的實際薪酬之間的顯著關係保持不變，但是地區人均工資水平與公司高管實際薪酬之間的顯著關係消失。這說明樣本公司高管薪酬設計中較少考慮地區人均工資的影響。

表 4-23　　　　　　　總經理薪酬的環境層面分析

解釋變量	$Lnpay_i$				
	a	b	c	d	e
Law	0.027*** (15.43)				0.005 (1.33)
Market		0.117*** (16.42)			0.085*** (6.66)
GDPgrow			−0.067*** (−12.15)		−0.029*** (−4.03)
Persalary				−0.014*** (−4.11)	−0.000 (−0.01)
Cons	11.958*** (118.56)	11.515*** (108.00)	19.670*** (31.24)	13.768*** (33.24)	14.874*** (18.43)
行業	控制	控制	控制	控制	控制
年度	控制	控制	控制	控制	控制
Ad. R^2	0.1184	0.1234	0.1037	0.0816	0.1279
F	42.85***	44.87***	37.07***	28.69***	39.84***
樣本量	3078	3078	3078	3078	3078

表 4-24　董事長薪酬的環境層面分析

解釋變量	Lnpay$_i$				
	a	b	c	d	e
Law	0.030*** (11.76)				0.018*** (3.65)
Market	0.040** (2.16)		0.114*** (10.78)		
GDPgrow			−0.072*** (−8.65)		−0.022** (−2.08)
Persalary				−0.014*** (−2.74)	0.000 (0.00)
截距項	11.873*** (82.87)	11.454*** (75.20)	20.126*** (21.22)	13.651*** (22.23)	14.245*** (11.66)
行業	控制	控制	控制	控制	控制
年度	控制	控制	控制	控制	控制
Ad. R^2	0.0547	0.0504	0.042	0.0281	0.056
F	16.85***	15.52***	13.01***	8.93***	14.81***
樣本量	4657	4657	4657	4657	4657

4.5　高管期望薪酬與超額薪酬

從高管能力的角度，從高管與組織及其所處環境匹配的角度分析影響高管能力發揮水平和發揮效果的各種因素，採用多層線性分析法度量高管超額薪酬。其前提條件是合理確定高管能力的期望薪酬。高管能力的期望薪酬由高管人力資本薪酬和組織環境薪酬兩部分構成。

4.5.1　人力資本薪酬的度量

實證結果表明，表徵高管特質的高管年齡、學歷、職稱、任期、政府背景和社會關係顯著影響高管的實際薪酬。因此，測度公司高管的人力資本薪酬需綜合考慮總經理/董事長的年齡、學歷水平、職稱層次、高管任期、政府工作背景和社會關係六個指標。利用模型（Ⅰ），即 $Pay = \alpha + \beta_1 Age + \beta_2 Edu_i + \beta_3 Prof_i +$

$\beta_4 Tenu+\beta_5 Soci_i+\beta_6 Gov_i+\beta_7 Sex_i+\varepsilon$，將總經理和董事長的實際薪酬作為被解釋變量，以總經理和董事長的個體特質因素作為解釋變量，利用 5,298 個總經理樣本和 4,657 個董事長樣本分別進行迴歸，估計高管個體特徵變量的迴歸係數，將迴歸係數帶入模型（I），預測總經理和董事長個體特質因素決定的「人力資本薪酬」，將總經理和董事長的實際薪酬超過人力資本薪酬的部分定義為「人力資本溢價」。計算結果見表 4-25、表 4-26。

表 4-25　總經理的實際薪酬、人力資本薪酬與人力資本溢價

變量	樣本量	均值	標準差	最小值	25%分位數	中值	75%分位數	最大值
實際薪酬	5,298	12.92	0.76	8.79	12.48	12.95	13.41	15.85
特質薪酬	5,298	12.92	0.54	12	12.44	12.87	13.18	14.44
人力資本溢價	3,078	0.34	0.25	0.00	0.18	0.31	0.45	2.22
人力資本負差	2,220	-0.48	0.48	-3.7	-0.67	-0.31	-0.14	0

表 4-26　董事長的實際薪酬、人力資本薪酬與人力資本溢價

變量	樣本量	均值	標準差	最小值	25%分位數	中值	75%分位數	最大值
實際薪酬	4,657	12.91	1.01	2.48	12.51	13.02	13.49	16.8
特質薪酬	4,657	12.91	0.64	11.95	12.35	12.94	13.26	14.48
人力資本溢價	2,757	0.45	0.34	0	0.18	0.4	0.65	2.76
人力資本負差	1,900	-0.66	0.78	-10.35	-0.79	-0.37	-0.18	0

表 4-25、表 4-26 表明，總經理和董事長的個人特質是決定其薪酬水平的重要因素，是高管人力資本薪酬的重要影響因素。在用總經理和董事長的實際薪酬補償人力資本期望薪酬之後，出現人力資本溢價的樣本分別為 3,078 個和 2,757 個，佔比分別為 58.1% 和 59.2%。總經理和董事長的實際薪酬在扣除人力資本期望薪酬后，出現人力資本負差（高管實際薪酬低於其人力資本期望薪酬）的樣本分別為 2,220 個和 1,900 個，佔比分別為 41.9% 和 40.8%。出現這一結果的可能原因是，高管薪酬除了受到高管能力特質影響外，公司所處的外部環境也是影響高管薪酬的重要外生變量。由環境因素決定的高管薪酬部分，本書稱之為組織環境薪酬，接下來討論組織環境薪酬的度量。

4.5.2　組織環境薪酬的度量

如前所述，運用多層線性分析法，將高管實際薪酬在高管個體層面運用高

管個體特質因素合理解釋后的余額部分，稱為高管的人力資本溢價。接下來，以人力資本溢價為被解釋變量，以影響高管薪酬的公司特徵變量和環境異質性變量為解釋變量，分析公司特徵和環境異質性對高管薪酬的影響，將人力資本溢價分解為公司特徵和環境異質性能夠合理解釋的部分和不能合理解釋的部分。前者為高管的組織環境薪酬，后者就是高管超額薪酬。

為了測度公司高管的組織環境薪酬，本章建立模型（Ⅳ）和模型（Ⅵ）實證檢驗公司特徵和環境特徵對人力資本溢價的影響。

(1) 公司特徵對人力資本溢價的影響。

①模型設計與樣本。

根據模型（Ⅱ）中公司特徵對高管實際薪酬的實證結果，選擇表徵對高管實際薪酬具有顯著影響的公司特徵指標，即營業利潤率、市場回報率、公司規模、托賓Q、成長性、資產負債率、國際化程度、上市年齡和長期資產週轉率等指標來構建模型（Ⅳ），對總經理和董事長的人力資本溢價薪酬進行公司層面分解。研究樣本包括3,708個總經理樣本和2,757個董事長樣本。

$$Upay = \alpha + \beta_1 Ros + \beta_2 Ret + \beta_3 Size + \beta_4 Growth + \beta_5 Lage + \beta_6 Lev + \beta_7 BH + \beta_8 TQ + \beta_9 Lturn + \beta_{10} Year + \varepsilon \quad (Ⅳ)$$

模型（Ⅳ）中，被解釋變量 $Upay$ 為高管特質對實際薪酬合理解釋后的正餘額，即人力資本溢價，用公式表示為：$Upay = Lnpay - Normal$，其中 $Normal$ 為高管特質迴歸后的期望值。

模型（Ⅳ）的解釋變量包括營業利潤率 Ros、市場回報率 Ret、資產規模 $Size$、成長性 $Growth$、上市年齡 $Lage$、資產負債率 Lev、國際化程度 BH、托賓Q值 TQ 和長期資產週轉率 $Lturn$，以及年度效應控制變量 $Year$。變量定義及說明見表4-12。

②公司層面變量的描述性統計。

模型（Ⅳ）中各變量的描述性統計見表4-27、表4-28。

表4-27　　　　　總經理所在公司層面變量的描述性統計

變量	樣本量	均值	標準差	最小值	25%分位數	中值	75%分位數	最大值
$Upay$	3,078	0.34	0.25	0.00	0.18	0.31	0.45	2.22
Ros	5,298	0.06	0.19	-1.05	0.01	0.05	0.12	0.6
Ret	5,298	0.13	0.68	-0.87	-0.25	-0.03	0.28	11.85
$Size$	5,298	21.79	1.21	16.52	20.99	21.69	22.48	27.39

表4-27(續)

變量	樣本量	均值	標準差	最小值	25%分位數	中值	75%分位數	最大值
Growth	5,298	0.05	0.13	-0.68	0.01	0.05	0.09	0.42
BH	5,298	0.04	0.19	0.0	0.0	0.0	0.0	1.0
Lev	5,298	0.5	0.81	0.01	0.31	0.48	0.64	41.94
Lage	5,298	2.22	0.72	0.0	1.79	2.48	2.77	3.14
TQ	5,298	1.94	1.31	0.62	1.2	1.5	2.15	8.94
Lturn	5,298	2.73	3.97	0.1	0.91	1.62	2.93	28.68

表 4-28　董事長所在公司層面變量的描述性統計

變量	樣本量	均值	標準差	最小值	25%分位數	中值	75%分位數	最大值
Upay	2,757	0.45	0.34	0	0.18	0.4	0.65	2.76
Ros	4,657	0.06	0.22	-1.38	0.02	0.06	0.13	0.62
Ret	4,657	0.13	0.66	-0.83	-0.25	-0.02	0.29	11.85
Size	4,657	21.75	1.19	16.52	20.97	21.63	22.39	28.48
Growth	4,657	0.05	0.14	-0.76	0.02	0.05	0.1	0.41
BH	4,657	0.03	0.17	0	0	0	0	1
Lev	4,657	0.49	0.83	0.01	0.3	0.47	0.63	41.94
Lage	4,657	1.87	0.91	0	1.1	2.2	2.64	3.14
TQ	4,657	1.93	1.22	0.68	1.22	1.52	2.14	8.03
Lturn	4,657	2.68	3.58	0.11	0.93	1.63	2.95	25.37

③公司層面變量的相關性分析。

模型（Ⅳ）中各變量間的 Pearson 簡單相關係數見表 4-29、表 4-30。由表 4-29 可知，總經理的人力資本溢價（Upay）在公司層面上與營業利潤率、市場回報率、公司規模、成長性、國際化程度、托賓 Q 值和長期資產週轉率在 1% 水平上顯著正相關，與資產負債率和上市年齡負向但不顯著。由表 4-30 可知，董事長的人力資本溢價（Upay）在公司層面上與營業利潤率、市場回報率、公司規模、成長性、資產負債率、上市年齡以及長期資產週轉率存在顯著的正相關關係，與國際化程度正相關但不顯著，與托賓 Q 負相關但不顯著。同時，本章還對公司層面的影響因素進行方差擴大因子分析。在總經理和董事

長樣本中方差擴大因子均為1.3，這說明不存在多重共線性問題。因此，在模型（IV）公司層面影響因素迴歸中，所有的解釋變量均採用當期值進行迴歸。

表 4-29　　　　總經理所在公司層面變量的相關性分析

變量	Upay	Ros	Ret	Size	Growth	BH	Lev	Lage	TQ	Lturn
Upay	1.00									
Ros	0.105 ***	1.00								
Ret	0.084 ***	0.045 ***	1.00							
Size	0.111 ***	0.2 ***	-0.094 ***	1.00						
Growth	0.236 ***	0.551 ***	0.096 ***	0.149 ***	1.00					
BH	0.075 ***	-0.046 ***	0.016	0.02	-0.004	1.00				
Lev	0.015	-0.267 ***	0.036 ***	-0.025 *	-0.043 ***	0.122 ***	1.00			
Lage	0.021	-0.129 ***	0.024 *	0.145 ***	-0.022	0.209 ***	0.143 ***	1.00		
TQ	0.053 ***	-0.113 ***	0.284 ***	-0.489 ***	0.043 ***	0.065 ***	0.147 ***	0.132 ***	1.00	
Lturn	0.073 ***	0.018	0.005	0.036 ***	0.174 ***	0.03 **	0.054 ***	-0.005	0.024 *	1.00

表 4-30　　　　董事長個人特質變量的相關性分析

變量	Upay	Ros	Ret	Size	Growth	BH	Lev	Lage	TQ	Lturn
Upay	1.00									
Ros	0.082 ***	1.00								
Ret	0.046 **	0.023	1.00							
Size	0.184 ***	0.21 ***	-0.097 ***	1.00						
Growth	0.115 ***	0.536 ***	0.075 ***	0.202 ***	1.00					
BH	0.013	-0.058 ***	0.008	0.011	-0.000	1.00				
Lev	0.034 *	-0.303 ***	0.045 ***	-0.014	-0.038 ***	0.113 ***	1.00			
Lage	0.63 ***	-0.148 ***	0.022	0.169 ***	-0.043 ***	0.193 ***	0.147 ***	1.00		
TQ	-0.013	-0.113 ***	0.301 ***	-0.449 ***	0.017	0.052 ***	0.121 ***	0.135 ***	1.00	
Lturn	0.057 ***	0.043 ***	0.013	0.116 ***	0.17 ***	-0.007	0.027 *	-0.038 ***	-0.022	1.00

④人力資本溢價公司層面變量的迴歸分析。

表 4-31、表 4-32 報告了人力資本溢價公司層面的檢驗結果。由表中可知，衡量公司特徵的營業利潤率、公司規模、成長性和長期資產週轉率在總經理和董事長樣本中與人力資本溢價在1%水平上顯著正相關，說明高管的人力資本溢價可以由營業利潤率、公司規模、成長性和長期資產週轉率等予以合理解釋；市場回報率和資產負債率在總經理和董事長樣本中對高管的人力資本溢價沒有顯著影響，表明上市公司在對高管薪酬設計中較少考慮市場績效和公司風險；國際化程度與總經理的人力資本溢價顯著正相關，表明總經理的人力資本溢價受到公司國際化程度的影響；公司的上市年齡在總經理樣本中正向不顯

著，在董事長樣本則呈顯著正相關關係；托賓 Q 對總經理和董事長的人力資本溢價薪酬的影響在變量模型中呈現顯著正相關關係。

表 4-31　　總經理樣本的人力資本溢價公司層面分析

變量	a	b	c	d	e	f	g	h	i	j
Ros	0.165***									0.090***
	(6.28)									(2.75)
Ret		0.010								-0.006
		(1.09)								(-0.64)
Size			0.026***							0.033***
			(7.17)							(7.50)
Growth				0.296***						0.140***
				(7.46)						(2.87)
BH					0.083***					0.089***
					(4.00)					(4.23)
Lev						0.006				0.000
						(0.55)				(0.01)
Lage							0.000			-0.017**
							(0.03)			(-2.51)
TQ								0.004		0.020***
								(1.17)		(4.41)
Lturn									0.005***	0.004***
									(4.65)	(3.45)
截距項	0.404***	0.412***	-0.157*	0.397***	0.402***	0.403***	0.406***	0.400***	0.395***	-0.314***
	(16.91)	(16.77)	(-1.91)	(16.65)	(16.73)	(16.37)	(14.21)	(16.29)	(16.43)	(-3.22)
Year	控制	控制	控制	控制	控制	控制	控制	控制	控制	控制
Ad. R^2	0.040,2	0.028,3	0.043,9	0.045,2	0.032,9	0.028	0.027,9	0.028,3	0.034,7	0.072,8
F	22.47***	15.91***	24.55***	25.27***	18.46***	15.76***	15.71***	15.94***	19.42***	18.25***
樣本量	3,078	3,078	3,078	3,078	3,078	3,078	3,078	3,078	3,078	3,078

表 4-32　　董事長樣本的人力資本溢價公司層面分析

變量	a	b	c	d	e	f	g	h	i	j
Ros	0.171***									0.065
	(4.85)									(1.41)
Ret		0.001								-0.009
		(0.08)								(-0.55)
Size			0.057***							0.055***
			(10.54)							(8.40)
Growth				0.354***						0.176**
				(6.34)						(2.57)

4　高管超額薪酬的度量　87

表4-32(續)

變量	a	b	c	d	e	f	g	h	i	j
BH					0.014					0.000
					(0.42)					(0.01)
Lev						0.031				-0.014
						(1.53)				(-0.60)
Lage							0.022***			0.012
							(3.13)			(1.50)
TQ								-0.011*		0.014*
								(-1.69)		(1.91)
Lturn									0.006***	0.003
									(3.24)	(1.51)
截距項	0.539***	0.536***	-0.675***	0.531***	0.535***	0.519***	0.497***	0.549***	0.521***	-0.688***
	(14.43)	(13.88)	(-5.60)	(14.27)	(14.25)	(13.31)	(12.61)	(14.32)	(13.83)	(-4.75)
Year	控制	控制	控制	控制	控制	控制	控制	控制	控制	控制
Ad. R²	0.016,8	0.008,4	0.046,8	0.022,7	0.008,4	0.009,2	0.011,9	0.009,4	0.012,1	0.055,3
F	8.84***	4.87***	23.58***	11.65***	4.9***	5.27***	6.53***	5.36***	6.64***	12.53***
樣本量	2,757	2,757	2,757	2,757	2,757	2,757	2,757	2,757	2,757	2,757

　　人力資本溢價（Upay）公司層面迴歸分析模型參數見表4-33，通過該參數信息表可以看出多層線性分析法對高管薪酬解釋程度的變化。

　　從表4-33可見，模型（IV）在總經理樣本中的F值為18.25，P值為0，這說明模型（IV）運用公司特徵因素對總經理的人力資本溢價具有較強的解釋能力。公司特徵因素對總經理的人力資本溢價的解釋程度為7.7%，與第一層次的個人特質影響因素的解釋程度47.43%合計達55.13%，高於將總經理個人特質與公司特徵置於同一多元線性迴歸模型的解釋水平53.32%（見表4-36）。因此，採用多層線性分析法對總經理薪酬水平進行合理性解釋是適宜的，能夠提高對總經理薪酬合理性的解釋程度。另外，經過總經理個人特質和公司特徵兩個層次迴歸分析之後，總經理薪酬水平中尚有44.87%部分受到其他因素的影響，有待進一步從環境層面進行分析。

　　模型（IV）在董事長樣本中的F值為12.53，P值為0，這說明模型（IV）運用公司特徵因素對董事長的人力資本溢價具有較強的解釋能力。公司特徵因素對董事長的人力資本溢價的解釋程度為6%，第一層次的個人特質影響因素的解釋程度為39.83%，兩者合計為45.83%，仍然高於將董事長個人特質與公司特徵置於同一多元線性迴歸模型的解釋水平42.3%（見表4-36）。因此，採用多層線性分析法對董事長薪酬水平進行合理性分析是適宜的，能夠提高董事長薪酬的合理性解釋程度。另外，經過董事長個人特質和公司特徵兩個層次迴

歸分析之后，董事長薪酬水平中仍有 54.17% 部分受到其他因素的影響，有待進一步從環境層面進行分析。

表 4-33　　　　　人力資本溢價公司層面分析的模型參數

高管	樣本量	F 值	P 值	R^2	Ad. R^2	SS_ Model	SS_ Residual	解釋程度
總經理	3,078	18.25	0.000,0	0.077	0.072,8	14.356,3	172.035,5	7.7%
董事長	2,757	12.53	0.000,0	0.060,1	0.055,3	19.258,3	300.995,2	6%

註：高管個人層面、公司層面以及表 4-36 中單一層面多元迴歸分析的解釋程度均為 R^2。表格中呈現的是調整后 R^2（即 Ad. R^2）。R^2 值一般高於 Ad. R^2。因此，本節調整前的 R^2 的解釋程度高於相關表格中的 Ad. R^2。

（2）環境異質性對人力資本溢價的影響。

利用模型（Ⅲ），即 $Lnpay = \alpha + \beta_1 Law + \beta_2 Market + \beta_3 GDPgrow + \beta_4 Persalary + \sum Industry + \sum Year + \varepsilon$，將被解釋變量替換為高管人力資本溢價 $Upay$，解釋變量仍然為表徵公司所處環境特徵的四個變量，包括法律環境、市場化程度、地區 GDP 增長率和地區人均工資增長率。變量定義及說明見表 4-18，模型中各變量的描述性統計見表 4-19、表 4-20，變量間的相關性分析見表 4-21、表 4-22。

高管人力資本溢價與環境層面變量的迴歸分析見表 4-34、表 4-35。從表 4-34 可知，在總經理樣本中，法律環境、市場化程度、地區 GDP 增長率與總經理的人力資本溢價之間在 1% 水平上顯著正相關，這表明表徵環境因素的法律環境、市場化程度和地區 GDP 增長率是影響總經理人力資本溢價的顯著因素；地區人均工資增長率與總經理人力資本溢價沒有統計意義上的相關性。從表 4-35 可知，在董事長樣本中，董事長人力資本溢價與法律環境、地區 GDP 增長率、地區人均工資增長率正相關，與市場化程度負相關，但都沒有通過顯著性檢驗。這表明董事長的人力資本溢價幾乎不受公司所處外部環境的影響，可能更多源自董事長的權力。當然，這只是一種揣測，有待進一步檢驗。

表 4-34　　　　　總經理樣本的人力資本溢價環境層面分析

變量	a	b	c	d	e
Law	0.003***				0.001
	(3.79)				(0.53)
Market		0.012***			0.006
		(3.72)			(1.13)
GDPgrow			−0.008***		−0.004

表4-34(續)

變量	a	b	c	d	e
			(−3.36)		(−1.34)
Persalary				−0.001	0.000
				(−0.93)	(0.17)
截距項	0.418***	0.372***	1.344***	0.599***	0.841**
	(7.43)	(6.35)	(4.87)	(3.29)	(2.31)
行業	控制	控制	控制	控制	控制
年度	控制	控制	控制	控制	控制
Ad. R^2	0.038,9	0.038,7	0.037,9	0.034,5	0.038,9
F	8.32***	8.29***	8.13***	7.49***	7.22***
樣本量	3,078	3,078	3,078	3,078	3,078

表4-35　董事長樣本的人力資本溢價環境層面分析

變量	a	b	c	d	e
Law	0.001				0.004**
	(0.57)				(2.04)
Market		−0.002			−0.014*
		(−0.49)			(−1.69)
GDPgrow			0.002		0.006
			(0.56)		(1.23)
Persalary				0.000	−0.001
				(0.05)	(−0.51)
截距項	0.597***	0.612***	0.364	0.588**	0.115
	(7.32)	(7.22)	(0.85)	(2.12)	(0.21)
行業	控制	控制	控制	控制	控制
年度	控制	控制	控制	控制	控制
Ad. R^2	0.019,7	0.019,7	0.019,7	0.019,6	0.020,1
F	4.26***	4.25***	4.26***	4.24***	3.83***
樣本量	2,757	2,757	2,757	2,757	2,757

(3) 同一多元線性迴歸分析。

將表徵高管特質、公司特徵和環境異質性因素置於同一多元線性迴歸模型進行分析,通過構建模型(V)檢驗不同層面因素置於同一多元線性迴歸模型對高管薪酬的影響以及模型的解釋程度,模型(V)中的各變量定義以及描述性統計見表4-5、表4-6、表4-7、表4-12、表4-13、表4-18、表4-19和表4-20。

$$Lnpay = \alpha + \beta_1 Age + \beta_2 Edu_i + \beta_3 Prof_i + \beta_4 Tenu + \beta_5 Soci_i + \beta_6 Gov_i + \beta_7 Sex_i + \beta_8 Ros + \beta_9 Ret + \beta_{10} Size + \beta_{11} Growth + \beta_{12} Lage + \beta_{13} Lev + \beta_{14} BH + \beta_{15} TQ + \beta_{16} Lturn + \beta_{17} Law + \beta_{18} Market + \beta_{19} GDPgrow + \beta_{20} Persalary + \sum Industry + \sum Year + \varepsilon$$

(V)

不同層面變量的多元線性迴歸分析結果見表4-36,將總經理個人特質、公司特徵和環境異質性因素放在同一多元線性迴歸模型對總經理薪酬的解釋程度為55.57%,對董事長薪酬的解釋程度為43.58%。表徵高管個人特質、公司特徵以及環境異質性因素均顯著影響高管薪酬,與分層研究結論一致。

表4-36　　　　　高管薪酬的單層多元線性迴歸分析

解釋變量	總經理 Lnpay				董事長 Lnpay			
	(1)	(2)	(3)	(4)	(5)	(6)	(7)	(8)
Law	0.005	0.010***	0.006	0.010***	0.018***	0.019***	0.018***	0.017***
	(1.33)	(3.70)	(1.51)	(3.19)	(3.65)	(4.75)	(2.96)	(3.38)
Market	0.085***	0.026***	0.085***	0.032***	0.040**	-0.013	0.045**	0.000
	(6.66)	(2.68)	(5.97)	(2.81)	(2.16)	(-0.91)	(2.00)	(0.01)
GDPgrow	-0.029***	-0.007	-0.018**	0.003	-0.022**	-0.006	-0.001	0.003
	(-4.03)	(-1.24)	(-2.08)	(0.40)	(-2.08)	(-0.74)	(-0.09)	(0.25)
Persalary	-0.000	0.000	0.004	-0.000	0.000	-0.000	0.000	0.001
	(-0.01)	(0.02)	(0.98)	(-0.07)	(0.00)	(-0.05)	(0.07)	(0.21)
Age		0.005***		0.004**		0.006***		0.001
		(4.16)		(2.42)		(3.61)		(0.69)
Edu_1		0.023		0.017		0.105***		0.080*
		(0.99)		(0.61)		(3.00)		(1.78)
Edu_2		0.050**		0.049*		0.119***		0.059
		(2.25)		(1.84)		(3.68)		(1.44)
Edu_3		0.391***		0.319***		0.472***		0.408***
		(10.53)		(7.41)		(9.83)		(6.77)

表4-36(續)

解釋變量	總經理 Lnpay				董事長 Lnpay			
	(1)	(2)	(3)	(4)	(5)	(6)	(7)	(8)
$Prof_1$		0.565***		0.521***		0.812***		0.764***
		(22.74)		(17.97)		(20.72)		(15.57)
$Prof_2$		0.563***		0.515***		0.606***		0.585***
		(23.97)		(18.47)		(17.74)		(13.77)
$Prof_3$		1.220***		1.128***		1.398***		1.324***
		(41.85)		(31.74)		(35.17)		(25.09)
$Tenu$		0.009**		0.001		0.012**		0.007
		(2.45)		(0.29)		(2.20)		(1.08)
$Soci_1$		0.026		0.020		0.177***		0.173*
		(0.64)		(0.34)		(3.07)		(1.93)
$Soci_2$		0.076**		0.057		0.108**		0.094
		(2.09)		(1.04)		(2.08)		(1.11)
Gov_1		-0.061**		-0.063**		0.061**		0.069*
		(-2.41)		(-2.09)		(2.09)		(1.87)
Gov_2		-0.017		0.015		0.074		0.111*
		(-0.32)		(0.24)		(1.48)		(1.74)
Ros			0.535***	0.347***			0.540***	0.336***
			(6.97)	(5.72)			(5.10)	(3.79)
Ret			0.028	0.022			0.031	-0.012
			(1.04)	(1.03)			(0.75)	(-0.34)
$Size$			0.213***	0.094***			0.276***	0.115***
			(17.93)	(9.61)			(14.73)	(7.00)
$Growth$			0.534***	0.304***			0.341**	0.222*
			(4.89)	(3.54)			(2.13)	(1.67)
BH			0.130**	0.125**			0.381***	0.299***
			(2.20)	(2.69)			(3.70)	(3.49)
Lev			-0.009	-0.015			-0.003	-0.013
			(-0.65)	(-1.40)			(-0.13)	(-0.72)
$Lage$			-0.017	0.011			-0.075***	-0.036**
			(-0.86)	(0.70)			(-3.51)	(-1.99)
TQ			0.070***	0.013			0.024	-0.031**
			(6.34)	(1.50)			(1.32)	(-1.99)

表4-36(續)

解釋變量	總經理 Lnpay				董事長 Lnpay			
	(1)	(2)	(3)	(4)	(5)	(6)	(7)	(8)
Lturn			0.014***	0.008***			0.011**	0.002
			(4.53)	(3.37)			(2.08)	(0.46)
截距項	14.874***	12.272***	8.719***	9.298***	14.245***	12.146***	6.421***	9.028***
	(18.43)	(19.78)	(8.83)	(11.85)	(11.66)	(12.43)	(3.98)	(6.68)
Industry	控制	控制	控制	控制	控制	控制	控制	控制
Year	控制	控制	控制	控制	控制	控制	控制	控制
Ad. R^2	0.127,9	0.495,6	0.271,5	0.550,3	0.056	0.409,5	0.168,4	0.428
F	39.84***	163.61***	44.98***	102.11***	14.81***	101.89***	22.16***	55.74***
樣本量	5,298	5,298	3,306	3,306	4,657	4,657	2,927	2,927

註：***、**和*分別表示1%、5%和10%顯著性水平，括號內為T值。

人力資本溢價環境層面迴歸分析模型參數見表4-37。通過該參數信息表可以看出採用多層線性分析法對高管薪酬解釋水平的變化。

從表4-37可見，模型（III）在總經理樣本中的F值為7.22，P值為0，這說明模型（III）對總經理的人力資本溢價具有較強的解釋能力。組織環境因素對總經理人力資本溢價的解釋程度為4.5%，個人層面影響因素的解釋程度為47.43%，公司層面影響因素的解釋程度為7.7%（見表4-33），三個層面的解釋程度合計為59.63%，高於將總經理個人特質、公司特徵和環境異質性因素放在同一多元線性迴歸模型（V）的解釋程度55.57%（見表4-36）。因此，採用多層線性分析法對總經理薪酬進行分層分析是適宜的，能夠提高總經理薪酬客觀因素的解釋程度。另外，總經理實際薪酬在個人層面、公司層面和組織環境層面迴歸分析后，尚有40.37%受到其他因素的影響，這部分薪酬是否屬於超額薪酬還有待於進一步檢驗。

模型（III）在董事長樣本中的F值為3.83，P值為0，這說明模型（III）對董事長的人力資本溢價具有較強的解釋能力。組織環境因素對董事長人力資本溢價的解釋程度為2.7%，個體層面的解釋程度為39.83%，公司層面的解釋程度為6%（見表4-33），三個層面的解釋程度合計為48.53%，高於將董事長個人特質、公司特徵與環境異質性置於同一多元線性迴歸模型（V）的解釋水平43.58%（見表4-36）。由此可見，採用多層線性分析法對董事長薪酬水平進行分層分析是適宜的，能夠提高董事長薪酬客觀因素的解釋程度。董事長薪酬中仍有51.47%部分受到其他因素的影響，這部分薪酬是否屬於超額薪酬還

有待實證檢驗。

表 4-37　人力資本溢價環境層面分析的模型參數

高管	樣本量	F 值	P 值	R^2	Ad. R^2	SS_ Model	SS_ Residual	解釋程度
總經理	3,078	7.22	0.000,0	0.045,1	0.038,9	8.407,5	177.985,7	4.5%
董事長	2,757	3.83	0.000,0	0.027,3	0.020,1	8.727,4	311.526	2.7%

（3）組織環境薪酬的度量。

①模型設計與變量。

表 4-17、表 4-23、表 4-24、表 4-31、表 4-32、表 4-34 和表 4-35 的迴歸分析結果表明，高管的實際薪酬和人力資本溢價均受到公司特徵和環境特徵的顯著影響，公司特徵和環境特徵能夠對高管薪酬進行合理性解釋，這為合理估計高管的組織環境薪酬期望值、估算公司高管的超額薪酬奠定基礎。接下來，構建模型（Ⅵ）估計高管的組織環境薪酬期望值，研究樣本仍為 3,078 個總經理樣本和 2,757 個董事長樣本。

$$Upay = \alpha + \beta_1 Ros + \beta_2 Ret + \beta_3 Size + \beta_4 Growth + \beta_5 Lage + \beta_6 Lev + \beta_7 BH + \beta_8 TQ + \beta_9 Lturn + \beta_{10} Law + \beta_{11} Market + \beta_{12} GDPgrow + \beta_{13} Persalary + \sum Industry + \sum Year + \varepsilon \quad (Ⅵ)$$

模型（Ⅵ）中，公司特徵變量定義及說明見表 4-12，組織環境變量定義及說明見表 4-18，人力資本溢價公司層面變量的描述性統計見表 4-29、表 4-30，環境層面變量的描述性統計見表 4-19、表 4-20，人力資本溢價與公司特徵變量的相關性分析見表 4-31、表 4-32，環境層面變量的相關性分析見表 4-21、表 4-22。

②組織環境薪酬。

本章用營業利潤率、市場回報率、公司規模、托賓 Q、成長性、資產負債率、國際化程度、上市年齡和長期資產週轉率表徵公司層面特徵，用法律環境、市場化進程、地區 GDP 增長率和地區人均工資增長率表徵組織環境特徵，採用模型（Ⅵ）估計高管組織環境薪酬的期望值，結果如表 4-38 所示。

從表 4-38 可見，總經理組織環境層面的期望薪酬（對數）的均值、中值、最小值和最大值分別為 0.33、0.32、0.01 和 0.79，董事長組織環境層面的期望薪酬（對數）的均值、中值、最小值和最大值分別為 0.45、0.44、0.01 和 0.79，董事長組織環境薪酬的期望值明顯高於總經理組織環境薪酬的期望值。

表 4-38　　　　　　　　　高管組織環境薪酬的期望值

變量	樣本量	均值	標準差	最小值	25%分位數	中值	75%分位數	最大值
總經理組織環境薪酬的期望值	3,078	0.33	0.08	0.01	0.28	0.32	0.37	0.79
董事長組織環境薪酬的期望值	2,757	0.45	0.1	0.01	0.38	0.44	0.5	0.79

4.5.3　高管期望薪酬的度量

高管期望薪酬 Ex_pay 為高管個體層面的人力資本期望薪酬 $Ex\_humancapital$ 和組織環境層面期望薪酬 $Ex\_company\_environment$ 之和，用公式表示為：$Ex\_pay = Ex\_humancapita + Ex\_company\_environment$

表 4-39、表 4-40 報告了樣本公司總經理和董事長的期望薪酬的計量結果。從表中可見，總經理的人力資本期望薪酬（對數）的均值為 12.92，高於董事長人力資本期望薪酬（對數）的均值 12.91；總經理的組織環境期望薪酬（對數）的均值為 0.33，低於董事長組織環境期望薪酬（對數）的均值 0.45。這說明總經理作為公司決策的最高執行官，其薪酬更多體現的是能力，是對企業家才能的報償；而董事長作為公司的權力中心，其薪酬可能體現的是權力，並受到公司外部環境的影響。

表 4-39　　　　　　　　　　總經理的期望薪酬

變量	樣本量	均值	標準差	最小值	25%分位數	中值	75%分位數	最大值
人力資本期望薪酬	5,298	12.92	0.54	12	12.44	12.87	13.18	14.44
組織環境期望薪酬	3,078	0.33	0.08	0.01	0.28	0.32	0.37	0.79
總經理的期望薪酬	5,298	13.13	0.59	12.03	12.66	13.08	13.5	14.86

表 4-40　　　　　　　　　　董事長的期望薪酬

變量	樣本量	均值	標準差	最小值	25%分位數	中值	75%分位數	最大值
人力資本期望薪酬	4,657	12.91	0.64	11.95	12.35	12.94	13.26	14.48
公司環境期望薪酬	2,757	0.45	0.1	0.0	0.38	0.44	0.5	0.79
董事長的期望薪酬	4,657	13.19	0.71	11.96	12.68	13.05	13.68	15.17

4.5.4 高管超額薪酬的度量

高管超額薪酬 $Over\_pay$ 為高管實際薪酬 $Lnpay$ 與高管期望薪酬 Ex_pay 的正差額，用公式表示為：$Over\_pay = Lnpay - Ex\_pay$（條件：$Lnpay > Ex\_pay$）。

高管超額薪酬度量的步驟為：首先，在全樣本條件下估計高管的人力資本期望薪酬；其次，在高管人力資本溢價樣本中（即高管實際薪酬>人力資本薪酬）估計高管的組織環境期望薪酬；最后，度量高管期望薪酬與超額薪酬。高管超額薪酬、實際薪酬、期望薪酬、樣本量等信息見表4-41、表4-42。表4-41、表4-42的分析和說明如下：

第一，高管期望薪酬的均值、中值、最小值、25分位點、75分位點高於實際薪酬。其原因在於採用多層線性分析法度量高管期望薪酬時，首先運用全樣本估計高管個體層面的人力資本期望薪酬，對於實際薪酬低於薪酬均值的樣本在度量人力資本期望薪酬時均被「平均化」，即導致實際薪酬低於樣本均值的高管其人力資本薪酬的期望值均高於該部分高管的實際薪酬。也就是說，對於人力資本薪酬補償不足的高管樣本，在計算高管期望薪酬時均按人力資本期望薪酬計算而不是實際薪酬。

第二，在人力資本溢價薪酬樣本中，估計高管組織環境層面的組織環境期望薪酬時，也存在被「平均化」問題，導致這部分高管在組織環境層面期望薪酬高於實際薪酬。針對組織環境層面薪酬補償不足的樣本，在計算高管的期望薪酬時均按組織環境期望薪酬計算而不是較低的實際薪酬。

第三，利用多層線性分析法度量高管的人力資本期望薪酬和組織環境期望薪酬時，導致實際薪酬較低的公司高管期望薪酬的水平被拉高，從而導致全樣本的期望薪酬在75分位點以下均高於實際薪酬。

第四，高管超額薪酬樣本變化。人力資本溢價樣本中，總經理樣本為3,078個，董事長樣本為2,757個；在第二層面估計高管組織環境層期望薪酬並估計組織環境層溢價薪酬時，總經理樣本由3,078個減少到861個，董事長樣本由2,757個減少為789個。

第五，高管超額薪酬出現在75分位點以上的樣本中。比較高管的實際薪酬與期望薪酬時發現：高管實際薪酬在75分位點以上的樣本其期望薪酬低於實際薪酬，即出現本書定義的高管超額薪酬。這與傳統方法度量的超額薪酬存在差異，具體差異見表中總經理和董事長的「超額薪酬」部分。如果採用同一多元線性迴歸模型度量高管超額薪酬，總經理樣本中有56.7%的總經理存在

超額薪酬,董事長樣本中有 57.8% 的董事長存在超額薪酬。邱茜(2011)在其博士論文中,採用 13 個因素預測出高管 61% 的變異量,並運用 13 個因素建立高管薪酬衡量體系。而本書採用多層線性分析法度量高管超額薪酬,總經理樣本中僅有 16.25% 的總經理存在超額薪酬,董事長樣本中僅有 16.94% 的董事長存在超額薪酬。這充分說明:當採用多層線性分析法度量高管超額薪酬時,若運用合理變量解釋高管薪酬,則合理因素考慮得更加全面,且超額薪酬中對合理因素的影響部分剔除得更加乾淨。

第六,超額薪酬樣本分佈。在存在超額薪酬的 861 家總經理樣本中,國有上市公司 476 家,占比為 55.3%;非國有上市公司 385 家,占比為 44.7%;789 家董事長超額薪酬樣本中,國有上市公司 319 家,占比為 40.3%,非國有上市公司 470 家,占比為 59.7%。

表 4-41　　　　　　　　　總經理的超額薪酬

變量	樣本量	均值	標準差	最小值	25%分位數	中值	75%分位數	最大值
實際薪酬	5,298	12.92	0.76	8.79	12.48	12.95	13.41	15.85
期望薪酬	5,298	13.13	0.59	12.03	12.66	13.08	13.5	14.86
超額薪酬	861	0.19	0.22	0.00	0.06	0.13	0.22	1.78
超額薪酬:非國企	385	0.19	0.21	0.00	0.06	0.13	0.22	1.27
國企	476	0.19	0.23	0.00	0.05	0.12	0.22	1.78
同一多元超額薪酬	3,002	0.33	0.25	0.00	0.14	0.29	0.47	1.69
人力資本溢價	3,078	0.34	0.25	0.00	0.18	0.31	0.45	2.22

表 4-42　　　　　　　　　董事長的超額薪酬

變量	樣本量	均值	標準差	最小值	25%分位數	中值	75%分位數	最大值
實際薪酬	4,657	12.91	1.01	2.48	12.51	13.02	13.49	16.80
期望薪酬	4,657	13.19	0.71	11.96	12.68	13.05	13.68	15.17
超額薪酬	789	0.29	0.28	0.00	0.10	0.22	0.39	2.13
超額薪酬:非國企	470	0.29	0.27	0.00	0.1	0.22	0.4	2.13
國企	319	0.29	0.28	0.00	0.1	0.23	0.37	1.98
同一多元超額薪酬	2,692	0.44	0.33	0.00	0.18	0.38	0.63	2.63
人力資本溢價	2,757	0.45	0.34	0.00	0.18	0.4	0.65	2.76

4.5.5 高管超額薪酬的接近度測試

為了比較多層線性分析法度量高管超額薪酬的效果,利用 Core et al. (2008) 提出的 Core Model,本書重新估計總經理和董事長的超額薪酬(研究樣本仍為 5,298 個總經理樣本和 4,657 個董事長樣本)。對 Core Model 估計的高管超額薪酬與多層線性分析法度量的高管超額薪酬進行接近度測試,比較兩種方法估計出的高管超額薪酬是否存在差異,分析多層線性分析法度量高管超額薪酬在剔除高管實際薪酬中的合理成分上是否更為乾淨,在剔除高管薪酬合理因素解釋的薪酬部分上是否更為充分和徹底。為此,借鑑 Core et al. (2008)、謝德仁等(2012)、方軍雄(2012)的研究,構建模型(VII)重新估計總經理和董事長的超額薪酬,模型(VII)中用於解釋高管薪酬的合理因素有公司規模、成長機會、市場回報率、公司業績的當期值和滯後值以及上市年齡、國際化程度、地區市場化程度,同時控制行業和年度效應的影響,各變量定義及說明見表 4-43。

$$LnPay = \alpha + \beta_1 LnSize + \beta_2 Lag\_LnSize + \beta_3 MB + \beta_4 Lag\_MB + \beta_5 Ret + \beta_6 Lag\_Ret + \beta_7 Roe + \beta_8 Lag\_Roe + \beta_9 Lnage + \beta_{10} BH + \beta_{11} Market + \sum Industry + \sum Year + \varepsilon \quad (VII)$$

表 4-43　　　　　　　　　　變量定義及說明

變量名稱	變量	計算方法及說明
高管薪酬	LnPay	總經理和董事長年度實際薪酬的對數
公司規模	LnSize	公司資產規模的對數
滯后公司規模	Lag_ LnSize	公司資產規模對數的滯后一期值
公司成長機會	MB	公司市帳比
公司成長機會滯后值	Lag_ MB	公司市帳比滯后值
市場回報率	Ret	股票收益率
市場回報率滯后值	Lag_ Ret	股票收益率滯后值
公司業績	Roe	淨資產收益率
公司業績滯后值	Lag_ Roe	淨資產收益率滯后值
上市年齡	Lnage	公司上市年齡的對數
公司國際化	BH	是否
地區市場化程度	Market	樊綱地區市場指數(2012 年)

表4-43(續)

變量名稱	變量	計算方法及說明
行業	Industry	2012年行業劃分標準
年度	Year	會計年度

需要說明的是，在5,298個總經理樣本中，由於模型（Ⅶ）中變量有滯后值，樣本損失1,992個，採用模型（Ⅶ）估計總經理超額薪酬時實際使用的樣本僅為3,306家上市公司樣本，在刪除異常薪酬為負數的樣本1,603家后，最后存在超額薪酬的總經理樣本有1,703家，占全樣本的比例約為32%。在4,657個董事長樣本中，由於模型（Ⅶ）中變量有滯后值，樣本損失1,730個，採用模型（Ⅶ）估計董事長超額薪酬時實際使用的樣本僅為2,927家上市公司，刪除異常薪酬為負數的樣本1,298家后，最后存在超額薪酬的董事長樣本僅有1,629家，占全樣本的比例約為35%。

（1）樣本量、比例及分佈比較。

採用Core Model度量的總經理超額薪酬有效樣本為1,703家上市公司，占比約為32%，董事長超額薪酬有效樣本為1,629家上市公司，占比約為35%；利用多層線性分析法度量的總經理超額薪酬有效樣本為861家上市公司，占比為16.3%；董事長超額薪酬有效樣本為789家，占比為16.9%。採用Core Moael度量的高管超額薪酬中，總經理的超額薪酬出現在68分位點及以上，董事長的超額薪酬出現在65分位點及以上；而採用多層線性分析法度量的高管超額薪酬中，總經理和董事長的超額薪酬均出現在83分位點及以上。

從樣本數量上來看，用Core Model度量的超額薪酬，樣本量以及占全樣本的比例均遠大於多層線性分析法度量的超額薪酬樣本。從超額薪酬樣本占全樣本比例以及樣本分佈上看，用Core Model度量的超額薪酬樣本覆蓋了多層線性分析法。用多層線性分析法度量的總經理和董事長超額薪酬樣本占Core Model度量高管超額薪酬有效樣本的比例分別為50.6%、48.4%。這充分說明多層線性分析法度量的高管超額薪酬在樣本上比Core Model剔除得更乾淨。Core Model度量的高管超額薪酬中還可以進一步從高管特質、公司特徵以及環境特徵因素進一步分解。

（2）超額薪酬的描述性統計比較。

表4-44、表4-45報告了用多層線性分析法度量的高管超額薪酬（簡記為「HLM超額薪酬」）和Core Model度量的超額薪酬（簡記為「Core超額薪酬」）的統計特徵。

從表 4-44 可知，用多層線性分析法度量的總經理超額薪酬（對數）的均值、25 分位數、中值、75 分位數、最大值分別為 0.19、0.06、0.13、0.22、1.78，遠低於用 Core Model 度量的總經理超額薪酬（對數）的均值 0.47、25 分位數 0.18、中值 0.38、75 分位數 0.64、最大值 2.43；從表 4-45 可知，採用多層線性分析法度量的董事長超額薪酬的均值、25 分位數、中值、75 分位數、最大值分別為 0.29、0.1、0.22、0.39、2.13，也遠低於用 Core Model 度量的董事長超額薪酬的均值 0.57、25 分位數 0.24、中值 0.48、75 分位數 0.82、最大值 3.62。由此可見，不論是董事長還是總經理，用 Core Model 度量的超額薪酬均覆蓋了多層線性分析法度量的超額薪酬。這充分說明，與 Core Model 相比，用多層線性分析法對高管實際薪酬進行逐層分解，可以使薪酬分解得更加徹底，合理因素剔除得更為乾淨。將無法用合理變量逐層分解的剩餘部分視為超額薪酬。採用該方法度量的超額薪酬，能夠避免研究中的層次謬誤和研究結論的偏誤。

表 4-44　　　　　　　　　　總經理的超額薪酬

變量	樣本量	均值	標準差	最小值	25%分位數	中值	75%分位數	最大值
HLM 超額薪酬	861	0.19	0.22	0.00	0.06	0.13	0.22	1.78
Core 超額薪酬	1,703	0.47	0.39	0.00	0.18	0.38	0.64	2.43
HLM 超額薪酬_非國企	385	0.19	0.21	0.00	0.06	0.13	0.22	1.27
Core 超額薪酬_非國企	804	0.53	0.42	0.00	0.20	0.43	0.73	2.37
HLM 超額薪酬_國企	476	0.19	0.23	0.00	0.05	0.12	0.22	1.78
Core 超額薪酬_國企	899	0.42	0.35	0.00	0.16	0.34	0.57	2.43

表 4-45　　　　　　　　　　董事長的超額薪酬

變量	樣本量	均值	標準差	最小值	25%分位數	中值	75%分位數	最大值
HLM 超額薪酬	789	0.29	0.28	0.00	0.10	0.22	0.39	2.13
Core 超額薪酬	1,629	0.57	0.46	0.00	0.24	0.48	0.82	3.62
HLM 超額薪酬_非國企	470	0.29	0.27	0.00	0.1	0.22	0.4	2.13
Core 超額薪酬_非國企	991	0.60	0.47	0.00	0.24	0.50	0.87	3.62
HLM 超額薪酬_國企	319	0.29	0.28	0.00	0.1	0.23	0.37	1.98
Core 超額薪酬_國企	638	0.54	0.43	0.01	0.24	0.45	0.71	2.92

4.6 本章小結

　　本章利用人力資本理論和組織戰略理論等理論觀點，採用多層線性分析法從高管個人特質、公司特徵和環境異質性三個維度對高管實際薪酬進行逐層分解，系統分析了公司高管能力發揮效果的影響因素。在高管個體層面，運用高管特質與高管實際薪酬構建多元線性模型，估計高管人力資本期望薪酬和人力資本溢價；進一步地，在組織環境層面，運用公司特徵、組織環境特徵與人力資本溢價構建多元線性迴歸模型，估計高管的組織環境期望薪酬；最後，根據高管的人力資本期望薪酬與高管的組織環境期望薪酬估算高管的期望薪酬，並以高管的實際薪酬扣除高管期望薪酬之後的額外薪酬部分為高管超額薪酬。公司高管薪酬受到高管個體特質、公司特徵和環境異質性因素的影響，其中，表徵高管個人特質的影響因素有高管學歷、職稱、任期、社會關係和政府背景等；表徵公司特徵的影響因素有公司業績、公司規模、成長性、公司風險、國際化程度、上市年齡和營運水平等；而影響高管薪酬的環境因素主要包括公司所處地區的法制環境、市場化進程、地區 GDP 增長率和地區人均工資增長率等。

　　採用多層線性分析法度量高管超額薪酬，在總經理樣本中有 861 家公司存在超額薪酬，占總樣本的 16.3%；董事長樣本中有 789 家公司存在超額薪酬，占總樣本的 16.9%。相對於 Core Model 度量的高管超額薪酬而言，多層線性分析法度量的高管超額薪酬在樣本量、占總樣本的比例方面均明顯小於 Core Model；從超額薪酬的統計特徵看，多層線性分析法度量的超額薪酬在均值、中值、25 分位數、75 分位數以及最大值上均小於 Core Model。這充分表明，採用多層線性分析法度量的高管超額薪酬比 Core Model 更合理。與 Core Model 相比，用多層線性分析法對高管實際薪酬進行因素分解更加徹底、更為乾淨。這同時表明，高管薪酬是一個跨層次問題，應該採用多層線性分析法逐層運用合理變量分解高管實際薪酬並度量超額薪酬，以有效避免跨層數據結構因同一層面分析而產生的層次謬誤。

　　本書接下來的安排是，第 5 章實證檢驗高管權力與超額薪酬之間的關係，第 6 章考察高管能力與超額薪酬之間的關係，從而厘清公司高管超額薪酬的性質是權力性超額薪酬還是能力性超額薪酬，抑或是兩者兼而有之。

5 高管權力與高管超額薪酬的實證研究

上市公司高管超額薪酬在當今社會普遍存在。但是，諸多學者認為超額薪酬是高管權力的結果，高管權力越大獲得的超額薪酬就越多。高管薪酬本質上是一個涉及高管個體、公司組織和環境層面的跨層問題，適宜採用多層線性分析法逐層分解高管各個層面的合理薪酬，對確實無法用合理變量予以解釋的超額薪酬應從其他視角剖析超額薪酬的形成原因，並為上市公司高管薪酬的激勵約束制度安排提供經驗支持。

運用多層線性分析法，從高管個人層面尋找高管特質的代理變量分解高管的人力資本薪酬；並對高管的人力資本溢價，從公司層面和環境層面尋找表徵公司特徵和環境異質性的代理變量分解高管的組織環境薪酬，其中無法分解的額外薪酬部分界定為超額薪酬。高管實際薪酬經過層層分解後剩下超額薪酬部分，本書嘗試從高管權力和高管能力兩個視角剖析高管超額薪酬形成的原因，厘清超額薪酬的性質是權力性超額薪酬還是能力性超額薪酬，抑或兩者兼而有之。

本章主要研究高管權力（用高管在公司內部交叉任職和在股東單位任職表徵）與高管超額薪酬之間的關係，首先從理論上分析高管權力對高管超額薪酬的影響並提出研究假設，其次運用董事長和總經理兩個研究樣本分別檢驗高管權力與高管超額薪酬之間的關係，厘清高管超額薪酬是否受高管權力的影響，是否存在權力性超額薪酬以及權力性超額薪酬的經濟後果，最後得出本章的研究結論。為了防止結論偏誤，本章還利用 Core Model 度量高管超額薪酬與高管權力的關係，進行穩健性檢驗；為了防止高管在公司內部交叉任職和在股東單位任職表徵高管權力可能存在的選擇性偏誤問題，本章還利用高管的政治關聯、兩職合一表徵高管權力，再次檢驗高管權力與高管超額薪酬之間的關係。本章的實證結果表明：公司董事長獲得權力性超額薪酬，即董事長權力是董事長超額薪酬形成的主要原因；總經理權力對總經理超額薪酬沒有顯著影

響，表明總經理權力並不是總經理獲取超額薪酬的主要原因，總經理超額薪酬可能更多地受到其權力之外其他因素的影響。為了分析權力性超額薪酬的合理性，本章進一步檢驗了董事長權力性超額薪酬的經濟后果，發現董事長的權力性超額薪酬並不具有激勵效果，反而增加了企業代理成本。

5.1 理論分析與研究假設

近年來，公司高管超額薪酬的形成原因以及經濟后果引起學術界的持續關注。針對高管超額薪酬的形成原因，現有文獻多從高管權力的視角研究高管權力對超額薪酬的影響，傾向性認為高管的超額薪酬是高管權力的結果。在超額薪酬的經濟后果方面，鄭志剛等（2012）認為，經理人的超額薪酬不僅損害公司的當期績效，還損害公司的未來業績，其實質是侵占股東財富。然而，方軍雄（2012）的實證研究卻發現，公司高管超額薪酬提高了公司業績敏感性，高管薪酬契約在我國具有一定程度的有效性。儘管公司高管超額薪酬是理論和實務界關注的熱點，但是超額薪酬的主要影響因素以及經濟后果並沒有獲得一致的研究結論。

上市公司高管薪酬持續上漲並引起公眾質疑最早出現於 20 世紀 70 年代的美國（Jensen et al., 2004）。在金融危機背景下，美國國際集團（AIG）利用政府補助資金給部分高管發放 1.65 億美元的「獎金門事件」，引起社會公眾對高管薪酬的不滿並引發了 2011 年「占領華爾街」運動。在我國，伴隨上市公司高管薪酬、薪酬業績敏感性的背離以及「天價薪酬」等事件的出現，高管超額薪酬成為高管「自利」「貪婪」的代名詞（吳育輝和吳世農，2010）。Bebchuk & Fried（2003）將高管超額薪酬定義為高管利用手中的權力和影響尋租而獲得的超過公平談判所得的收入。鄭志剛等（2012）指出，只有公司高管通過權力以損害公司未來業績和股東利益為代價獲得的與公司業績不對稱的薪酬才能稱作高管超額薪酬。Core et al.（1999）認為，合理的薪酬水平只能由客觀的經濟因素決定，而薪酬中與董事會特徵和股權結構相關的部分很可能是人為操縱的結果，因而屬於經理人超額薪酬的範疇。方軍雄（2012）、馬連福等（2013）將高管的超額薪酬界定為高管的實際薪酬與由經濟因素決定的預期正常薪酬的差額大於零的部分。

針對高管超額薪酬的形成原因，學術界試圖從不同的視角進行解釋。其中，主流的研究集中於高管權力對超額薪酬的影響。Finkelstein（1992）將管

理者權力定義為管理者影響或實現關於董事會或薪酬委員會制定的薪酬決策的意願的能力。他從權力來源的角度提出了管理者的四維權力，即組織結構權力、所有權權力、專家權力和聲譽權力。Lambert et al.（1993）構建管理者權力模型，並將管理者權力分為組織地位、信息控制、個人財富和對董事會的任命四種權力。根據《公司法》的規定，公司董事長的權力主要有主持召開股東大會、董事會，召集、主持公司管理層會議，決定公司總經理和其他高層管理人員的薪酬、聘用及解聘，審查總經理提出的各項發展計劃及執行結果等；公司總經理向董事會負責，全面實施董事會的有關決議，全面完成董事會下達的各項指標，並將實施情況向董事會匯報，根據董事會的要求確定公司的經營方針，建立公司的經營管理體系並組織實施和改進，為經營管理體系提供足夠的資源，主持公司的日常各項經營管理工作，組織實施公司年度經營計劃和投資方案，根據市場變化不斷調整公司的經營方向等。公司總經理負責日常經營管理活動，負責執行董事會的各項決議並向董事會負責，公司董事長有權決定總經理的任免、選聘、報酬的權力，並負責考核總經理的經營業績。由此可見，上市公司董事長比總經理擁有更高的權力。如果董事長還在公司高管團隊任職或者總經理在公司董事會中兼職，有助於董事長或總經理拓寬權力的渠道和權力影響幅度。

　　Bebchuk et al.（2002）系統地提出了管理者權力理論，認為由於公司制企業中普遍存在所有權與控制權的分離，公司高管可以俘獲董事會和薪酬委員會的成員，影響自身薪酬的設計甚至可能自定薪酬。權小鋒等（2010）實證發現，高管權力與高管超額薪酬之間存在顯著的正相關關係，也就是說高管權力是高管獲得超額薪酬的直接原因。呂長江和趙宇恒（2008）、陳勝藍和盧銳（2012）、王雄元和何捷（2012）都發現，管理層權力成為高管謀取私利的重要手段，高管權力與其獲取私有收益之間呈顯著的正向關係。此外，高管權力在其股權激勵中也得到充分地體現，如吳育輝和吳世農（2010）研究發現，管理者權力在股權激勵中體現為設置寬松的考核指標，影響股權激勵方案的制定（王燁等，2012），使股權激勵淪為管理者的福利（呂長江，2009、2011；辛宇和呂長江，2012）。基於上述理論分析，本章提出研究假設 H5-1：

　　H5-1：高管權力是高管獲取超額薪酬的直接原因，即公司高管權力是超額薪酬的顯著影響因素，高管權力與高管超額薪酬之間存在正相關關係。

5.2 實證研究設計

5.2.1 樣本選擇與數據來源

本書的研究樣本來自於 SCMAR 數據庫中上市公司基本信息、公司治理、財務報表、人物特徵、財務分析等研究數據,並以 2008—2013 年作為研究區間,對深滬兩市 A 股上市公司樣本剔除金融類和創業板上市公司,共獲得 1,511 家上市公司 5,298 個總經理有效樣本和 1,344 家上市公司 4,657 個董事長有效樣本。

5.2.2 模型及變量

借鑑 Shen et al.(2009)、Wang(2010)、Wowak et al.(2011)、權小鋒等(2010)等的研究,本章構建模型(I)研究高管權力與超額薪酬之間的關係。

$$Over\_pay = \alpha + \beta_1 Cross\_site + \beta_2 Soe + \beta_3 Size + \beta_4 Lev + \beta_5 Age + \beta_6 Growth + \beta_7 BH + \Sigma Industry + \Sigma Year + \varepsilon \quad (I)$$

被解釋變量:$Over\_pay$ 為採用多層線性分析法度量的樣本公司董事長或總經理的超額薪酬。在穩健性檢驗中,$Over\_pay$ 為利用 Core Model 度量的樣本公司董事長或總經理的超額薪酬。

解釋變量:高管權力 $Cross\_site$。借鑑權小鋒等(2010)的做法,本章從公司權力結構安排的角度,選擇平行交叉任職和垂直任職衡量高管權力的影響幅度,即選擇高管在公司內部交叉任職和在股東任職來表徵高管權力。其中,總經理權力為總經理在公司內部董事會中交叉任職和在股東單位任職得分之和,若總經理同時擔任公司董事長、副董事長或董事,$Cross\_site$ 分別賦值為 3、2 和 1,無兼職則賦值為 0;若總經理在股東單位任職賦值為 1,否則賦值為 0。董事長權力為董事長在公司內部高管團隊交叉任職和股東單位任職得分之和,若董事長同時擔任公司總經理、副總經理或其他職務,$Cross\_site$ 分別賦值為 3、2 和 1,無交叉任職則賦值為 0;若董事長在股東單位任職賦值為 1,否則賦值為 0。

針對模型中的控制變量,借鑑 Shen et al.(2009)、Wang(2010)、Wowak et al.(2011)、權小鋒等(2010)、方軍雄(2012)等的研究,主要對公司規模 $Size$、資產負債率 Lev、上市年齡 Age、成長性 $Growth$、控股權性質 Soe 和是否同時發行 B 股或 H 股進行控制。此外,還對行業和年度變量進行控制。

模型（I）中各變量的定義及說明見表 5-1。

表 5-1　　　　　　　　　　變量定義及說明

變量名稱	變量符號	計算方法及說明
被解釋變量：超額薪酬	Over_pay_h	採用多層線性分析法度量的總經理或董事長超額薪酬
	Over_pay_c	利用 Core Model 度量的總經理或董事長超額薪酬
解釋變量：高管權力	Cross_site	董事長或總經理的平行交叉任職和垂直任職得分之和，其中，董事長兼任總經理、副總經理、其他職務和不兼職分別賦值為 3、2、1 和 0；在股東單位任職為 1，否則為 0。總經理兼任董事長、副董事長、董事和無兼職分別賦值為 3、2、1 和 0；在股東單位任職為 1，否則為 0。
	Political	穩健性檢驗中，用高管政治關聯表徵高管權力，若董事長或總經理有政府工作背景賦值為 1，否則為 0。
	Dual	穩健性檢驗中，用領導權結構表徵高管權力，若董事長或總經理兩職合一賦值為 1，否則為 0。
控制變量：公司規模	Size	公司總資產的自然對數
公司風險	Lev	負債總額/資產總額
上市年齡	Age	公司上市年齡的對數
成長性	Growth	公司營業收入增長率
控股權性質	Soe	虛擬變量，國企控股為 1，非國企控股為 0
是否同時發行 B 股或 H 股	BH	虛擬變量，若樣本公司同時發行 B 股或 H 股賦值為 1，否則為 0

5.3　實證結果與分析

5.3.1　描述性統計

表 5-2、表 5-3 報告了變量的描述性統計結果。從表中可知，在總經理樣本中，用多層線性分析法度量的超額薪酬樣本為 861 家公司，明顯小於用 Core

Model 度量的超額薪酬樣本1,703家公司；在董事長樣本中，兩種方法度量的超額薪酬樣本分別為789家和1,629家公司，用多層線性分析法度量的樣本公司個數僅占Core Model度量方法的48.4%。採用多層線性分析法度量的高管超額薪酬 *Over_pay_h* 的均值為0.19，顯著低於採用Core Model度量的高管超額薪酬 *Over_pay_c* 的均值0.47。此外，與Core Model度量的超額薪酬相比，多層線性分析法度量的超額薪酬在25分位數、中值、75分位數和最大值上均遠小於Core Model，這表明採用多層線性分析法度量高管超額薪酬在剔除高管薪酬的合理因素上更為乾淨、更為徹底。因此，採用多層線性分析法度量高管超額薪酬，研究高管權力與高管超額薪酬之間的關係，得出的研究結論比Core Model度量的高管超額薪酬與高管權力之間的關係更具說服力。

各變量的描述性統計如表5-2、表5-3所示。總經理樣本採用多層線性分析法度量總經理超額薪酬的均值為0.19，採用Core Model度量總經理超額薪酬的均值為0.47。董事長樣本採用多層線性分析法度量董事長超額薪酬的均值為0.29，採用Core Model度量董事長超額薪酬的均值為0.57，兩種方法度量的董事長超額薪酬均高於總經理的超額薪酬；超額薪酬的其他分位點值也表現出董事長樣本高於總經理樣本。

表5-2　　模型（Ⅰ）中總經理樣本各變量的描述性統計

變量	樣本量	均值	標準差	最小值	25%分位數	中值	75%分位數	最大值
Over_pay_h	861	0.19	0.22	0.00	0.06	0.13	0.22	1.78
Over_pay_c	1,703	0.47	0.39	0.00	0.18	0.38	0.64	2.43
Cross_site	861	1.07	1.39	0	0	0	2	4
Dual	861	0.18	0.38	0	0	0	0	1
Political	861	0.14	0.4	0	0	0	0	1
Roa	861	0.04	0.06	−0.46	0.01	0.04	0.07	0.42
Acc	861	18.84	1.7	12.27	17.68	18.79	19.96	24.14
Size	861	21.91	1.18	16.7	21.18	21.82	22.61	26.47
Lev	861	0.5	0.43	0.01	0.33	0.48	0.62	8.26
Age	861	11.8	5.51	2	6	13	16	23
Growth	861	0.6	6.87	−0.8	−0.01	0.13	0.3	167.65
Soe	861	0.55	0.5	0	1	1	1	1
BH	861	0.04	0.19	0	0	0	0	1

表 5-3　　模型（Ⅰ）中董事長樣本各變量的描述性統計

變量	樣本量	均值	標準差	最小值	25%分位數	中值	75%分位數	最大值
Over_pay_h	789	0.29	0.28	0	0.1	0.22	0.39	2.13
Over_pay_c	1,629	0.57	0.46	0.00	0.24	0.48	0.82	3.62
Cross_site	789	1.45	1.36	0	0	1	3	4
Dual	789	0.28	0.45	0	0	0	1	1
Political	789	0.32	0.57	0	0	0	1	1
Roa	789	0.04	0.07	-0.41	0.01	0.04	0.07	0.79
Acc	789	18.69	1.57	12.27	17.86	18.8	19.63	23.2
Size	789	21.83	1.15	17.92	21.09	21.68	22.41	27.39
Lev	789	0.47	0.21	0.01	0.33	0.47	0.61	2.26
Age	789	9.51	5.78	2	4	9	15	21
Growth	789	0.21	0.98	-0.81	-0.01	0.12	0.25	20.11
Soe	789	0.4	0.49	0	0	0	1	1
BH	789	0.04	0.2	0	0	0	0	1

5.3.2　相關性分析

表 5-4、表 5-5 報告了模型（Ⅰ）中各變量的 Pearson 相關係數。由表 5-4 可見，總經理超額薪酬與表徵總經理內部權力的平行交叉任職和垂直任職不存在顯著性關係，與總經理的政府工作背景、總資產報酬率、應計項目、公司規模和同時發行 B 股或 H 股顯著正相關，與公司上市年齡顯著負相關；在表 5-5 中，董事長超額薪酬與表徵董事長內部權力的平行交叉任職和垂直任職存在顯著性關係，同時董事長超額薪酬與董事長的政府工作背景、總資產報酬率、公司規模、應計項目和資產負債率顯著正相關，與公司是否同時發行 B 股或 H 股、公司的上市年齡、公司的成長性不存在顯著性關係。

由表 5-4、表 5-5 可知，用於衡量高管權力的高管內部平行交叉任職和垂直任職與高管兩職合一在總經理和董事長樣本中，其相關係數分別為 0.724 和 0.798。這說明用高管的平行交叉任職和垂直任職表徵高管權力涵蓋了兩職合一；在穩健性檢驗中用兩職合一衡量高管權力，再次檢驗高管權力與高管超額薪酬之間的關係，在變量的選擇上是合理的。

此外，本章對模型（Ⅰ）中各變量還進行了 VIF 方差擴大因子檢驗，在總經理和董事長樣本中方差擴大因子分別為 3.25 和 4.24，均小於 5，說明模型

（I）中各變量不存在嚴重的多重共線性問題。

表 5-4　　　　　　　總經理樣本變量間的相關性分析

變量	Over_pay	Cross_site	Dual	Political	Roa	Acc	Size	Lev	Age	Growth	BH
Over_pay	1.00										
Cross_site	0.041	1.00									
Dual	0.029	0.724***	1.00								
Political	0.067**	0.15***	0.223***	1.00							
Roa	0.187***	0.006	0.019	−0.002	1.00						
Acc	0.219***	−0.078	−0.018	0.054	0.069	1.00					
Size	0.201***	−0.122***	−0.128***	0.014	−0.006	0.615***	1.00				
Lev	−0.015	−0.011	−0.056	−0.035	−0.234***	0.135**	−0.065*	1.00			
Age	−0.062*	−0.163***	−0.16***	−0.12***	−0.116***	−0.011	0.103***	0.232***	1.00		
Growth	−0.005	0.001	−0.009	−0.02	0.033	0.059	0.006	0.037	0.073**	1.00	
BH	0.107***	0.007	−0.01	0.004	0.049	−0.001	−0.012	0.08***	0.261***	−0.012	1.00

表 5-5　　　　　　　董事長樣本變量間的相關性分析

變量	Over_pay	Cross_site	Dual	Political	Roa	Acc	Size	Lev	Age	Growth	BH
Over_pay	1.00										
Cross_site	0.065*	1.00									
Dual	0.013	0.798***	1.00								
Political	0.106***	0.004	−0.014	1.00							
Roa	0.092***	−0.033	−0.034	0.101***	1.00						
Acc	0.273***	0.006	−0.072	0.818***	0.155***	1.00					
Size	0.275***	−0.067*	−0.145***	0.17***	0.072**	0.644***	1.00				
Lev	0.096***	0.026	−0.068*	0.086**	−0.217***	0.281***	0.364***	1.00			
Age	0.057	−0.081**	−0.144***	−0.106***	−0.122***	0.065	0.116***	0.355***	1.00		
Growth	0.039	0.018	0.016	0.032	0.146***	0.142**	0.006	0.004	0.024	1.00	
BH	−0.043	0.084**	0.04	−0.049	0.041	0.012	−0.014	0.134***	0.302***	−0.026	1.00

註：***、**和*分別表示1%、5%和10%顯著性水平。

5.3.3 多元迴歸分析

為了反應不同控股權性質下高管權力對高管超額薪酬影響的差異，本章分別按全樣本、國企樣本和非國企樣本進行迴歸，檢驗結果如表5-6所示。

表5-6的分析結果顯示：在總經理樣本中，無論是全樣本、國企樣本還是非國企樣本，總經理權力與總經理超額薪酬均不存在顯著的正相關關係，假設H5-1在總經理樣本中不成立，這說明總經理並沒有通過其權力獲取權力性超額薪酬。與此相反，在全樣本中，董事長權力與董事長超額薪酬在1%水平上顯著正相關，假設H5-1在董事長樣本中成立，表明董事長獲得的是權力性超額薪酬。進一步分析發現，國有企業上市公司中的董事長權力與超額薪酬在

1%的水平上顯著正相關，而非國有企業上市公司中這種正向關係不成立。這一實證發現說明，董事長權力是董事長獲得超額薪酬的主要原因，董事長通過權力獲取權力性超額薪酬僅出現在國企控股上市公司，而非國企控股上市公司並不存在這種顯著性關係。

表 5-6　　　　　　高管權力與高管超額薪酬的關係檢驗

變量	總經理 Over_pay 全樣本	國企	非國企	董事長 Over_pay 全樣本	國企	非國企
$Cross\_site$	0.005	-0.000	0.011	0.019***	0.049***	0.006
	(1.00)	(-0.01)	(1.58)	(2.72)	(3.82)	(0.71)
$Size$	0.038***	0.031***	0.041***	0.061***	0.041***	0.073***
	(5.84)	(3.38)	(4.22)	(6.55)	(2.88)	(5.44)
Lev	0.015	0.034	-0.006	0.002	0.028	-0.010
	(0.94)	(1.50)	(-0.27)	(0.04)	(0.28)	(-0.15)
Age	-0.030**	-0.095***	0.004	0.014	0.026	0.021
	(-2.39)	(-4.08)	(0.20)	(0.94)	(0.93)	(1.08)
$Growth$	-0.000	-0.000	0.000	-0.003	-0.009	-0.001
	(-0.49)	(-0.26)	(0.19)	(-0.88)	(-0.65)	(-0.27)
BH	0.130***	0.145***	0.136**	-0.086*	-0.124**	-0.033
	(3.41)	(3.03)	(2.05)	(-1.76)	(-2.05)	(-0.40)
截距項	-0.642***	-0.240	-0.849***	-1.108***	-0.872**	-1.374***
	(-3.91)	(-0.93)	(-3.60)	(-4.97)	(-2.20)	(-4.37)
Industry	控制	控制	控制	控制	控制	控制
Year	控制	控制	控制	控制	控制	控制
R^2	0.104	0.155	0.102	0.127	0.236	0.101
F	4.64***	3.97***	2.06***	5.25***	4.37***	2.53***
樣本量	861	476	385	789	319	470

註：①括號內數值為 T 統計量；②***、**和*分別表示1%、5%和10%顯著性水平。

5.3.4　穩健性檢驗

第一，用 Core Model 度量高管超額薪酬。

為了獲得可靠的研究結論，本章採用 Core Model 度量高管超額薪酬，重新對模型（Ⅰ）進行檢驗，迴歸結果見表 5-7。由表中可見，總經理權力與總經理超額薪酬之間依然不存在顯著性關係，進一步印證了總經理的權力並不是總經理獲得超額薪酬的主要原因。然而，採用 Core Model 度量的董事長超額薪酬與董事長權力之間的顯著性關係在國企上市公司中依然成立，再次說明國企上市公司的董事長憑藉其權力獲得了權力性超額薪酬，研究結論與多層線性分析法度量的高管超額薪酬完全相同。

表 5-7　高管權力與 Core 模型度量高管超額薪酬的關係檢驗

變量	總經理 Core 模型度量 Over_pay			董事長 Core 模型度量 Over_pay		
	全樣本	國企	非國企	全樣本	國企	非國企
Cross_site	0.009	0.014	-0.005	0.010	0.029**	-0.007
	(1.28)	(1.50)	(-0.51)	(1.25)	(2.07)	(-0.66)
Size	0.000	-0.007	0.028*	0.026**	0.054***	0.032**
	(0.04)	(-0.63)	(1.90)	(2.37)	(3.08)	(2.04)
Lev	-0.015	-0.016	-0.023	-0.009	-0.164	-0.012
	(-0.55)	(-0.46)	(-0.52)	(-0.83)	(-1.60)	(-1.10)
Age	0.012	-0.036	0.083***	0.074***	0.030	0.127***
	(0.75)	(-1.33)	(3.41)	(3.95)	(0.82)	(5.28)
Growth	-0.001	-0.002	-0.002	0.001	0.003	0.001
	(-0.71)	(-0.43)	(-0.87)	(1.04)	(0.25)	(0.80)
BH	-0.018	-0.000	0.007	-0.133*	-0.182*	-0.045
	(-0.35)	(-0.01)	(0.07)	(-1.83)	(-1.94)	(-0.41)
截距項	0.591***	0.751***	-0.010	-0.033	-0.464	-0.190
	(2.81)	(2.73)	(-0.03)	(-0.13)	(-1.07)	(-0.53)
Industry	控制	控制	控制	控制	控制	控制
Year	控制	控制	控制	控制	控制	控制
R^2	0.020	0.025	0.054	0.044	0.097	0.073
F	1.66**	1.57*	2.22***	3.52***	3.15***	3.62***
樣本量	1,702	898	804	1,629	638	991

註：①括號內數值為 T 統計量；②***、**和*分別表示 1%、5% 和 10% 顯著性水平。

第二，用高管的政治關聯表徵高管權力。

高管的政治背景是一種稀缺性資源（李茜和張建君，2012），政治關聯能夠給企業帶來隱性便利（林高，2012）。政府官員行政級別越高，其累積的、與政府部門相關的人脈關係就越廣，可以控制或動用的政府資源就越多。選擇較高行政級別的官員型高管，則意味著該高管可能給企業帶來更多的政府資源或發展機會。在我國特殊的市場環境下，政府與市場的關聯度以及政府對經濟和稀缺資源的干預，導致具有政府工作經歷的公司高管尤其是具有較高行政級別的政府官員更容易被上市公司選聘為董事長或者總經理。因此，為了吸引具有較高層級的政府官員擔任公司高管，上市公司願意支付富有吸引力的高薪酬，甚至是超額薪酬。也就是說，與非政治關聯的公司高管相比，擁有政治關聯的公司高管權力更大，獲得超額薪酬的機會更多。因此，本章用高管的政治關聯 Political（變量定義見表 5-1）替代高管交叉任職和垂直任職表徵高管權力，對模型（I）重新進行檢驗。迴歸結果見表 5-8。

由表 5-8 可知，總經理權力與總經理超額薪酬之間依然不存在統計意義的相關性，這一結論在全樣本、國企控股上市公司和非國企控股上市公司中均成立，充分說明總經理並沒有通過權力獲得超額薪酬。但是，在全樣本中，董事長的政治關聯與董事長超額薪酬在 10% 水平上顯著正相關，在國企樣本中，董事長政治關聯與董事長超額薪酬在 1% 水平上顯著正相關，而在非國企樣本中這種顯著性關係不成立，同樣說明國企控股上市公司的董事長憑藉權力獲得了權力性超額薪酬，董事長的政府工作背景是其獲得超額薪酬的主要原因。

表 5-8　　　　　高管政治關聯與高管超額薪酬的關係檢驗

變量	總經理 Over_pay			董事長 Over_pay		
	全樣本	國企	非國企	全樣本	國企	非國企
Political	0.022	0.045	0.002	0.029*	0.105***	-0.025
	(1.21)	(1.61)	(0.10)	(1.67)	(3.88)	(-1.09)
Size	0.037***	0.033***	0.039***	0.057***	0.044***	0.075***
	(5.78)	(3.50)	(4.07)	(6.14)	(3.05)	(5.51)
Lev	0.016	0.035	-0.007	-0.000	0.059	-0.001
	(0.97)	(1.54)	(-0.30)	(-0.01)	(0.61)	(-0.02)
Age	-0.030**	-0.094***	0.001	0.015	0.033	0.015
	(-2.39)	(-4.08)	(0.08)	(1.02)	(1.16)	(0.78)
Growth	-0.000	-0.000	0.000	-0.003	-0.012	-0.001
	(-0.50)	(-0.26)	(0.22)	(-0.91)	(-0.84)	(-0.24)

表5-8(續)

變量	總經理 Over_pay			董事長 Over_pay		
	全樣本	國企	非國企	全樣本	國企	非國企
BH	0.130***	0.143***	0.138**	-0.072	-0.073	-0.017
	(3.39)	(3.00)	(2.07)	(-1.47)	(-1.20)	(-0.20)
截距項	-0.621***	-0.282	-0.789***	-1.003***	-0.915**	-1.403***
	(-3.84)	(-1.09)	(-3.38)	(-4.50)	(-2.32)	(-4.44)
Industry	控制	控制	控制	控制	控制	控制
Year	控制	控制	控制	控制	控制	控制
R^2	0.105	0.160	0.096	0.121	0.237	0.103
F	4.67***	4.11***	1.92**	5.04***	4.39***	2.56***
樣本量	861	476	385	789	319	470

註：①括號內數值為T統計量；②***、**和*分別表示1%、5%和10%顯著性水平。

第三，用高管兩職兼任表徵高管權力。

進一步地，借鑒方軍雄（2012）、王燁等（2012）的做法，本書用領導權結構 Dual（變量定義見表5-1）替代高管交叉任職和垂直任職表徵高管權力。若上市公司高管兩職合一即同時擔任總經理和董事長，兩職合一的高管可能會同時出現在總經理樣本和董事長樣本，將導致本章前面的研究結論缺乏說服力，即董事長的權力是董事長獲取超額薪酬的主要原因而總經理的權力並不是總經理獲取超額薪酬的主要原因。對於兩職合一的高管，即既是總經理又是董事長，這類高管究竟適應哪一種實證研究結論呢？因此，有必要對既是總經理又是董事長的高管，用兩職合一表徵高管權力再次對模型（I）進行迴歸，以檢驗高管權力與高管超額薪酬之間實證關係是否穩健，檢驗結果見表5-9①。表5-9的檢驗結果與表5-6完全相同。對於同時擔任總經理和董事長的高管樣本，總經理的權力依然不是總經理獲取超額薪酬的顯著影響因素，而董事長

---

① 用兩職合一表徵高管權力，得到較多文獻的支持，如王克敏和王志超（2007）、權小鋒等（2010）、方軍雄（2012）、徐細雄和劉星（2013）等。研究中由於同時運用董事長和總經理兩個樣本，用兩職合一表徵高管權力將導致研究樣本歸屬不清。總經理和董事長的超額薪酬樣本分別為861家（國企/非國企分別為476家/385家）和789家（國企/非國企分別為319家/470家）上市公司樣本。兩職合一在總經理和董事長樣本分別為151家（其中國企/非國企為41家/110家）和219家（其中國企/非國企分別為44家/175家）。兩職合一主要存在於非國企樣本中，這一分佈特徵不影響高管權力與高管超額薪酬間關係的研究結論。因此，研究中高管權力的表徵採用高管在公司內部平行交叉任職和股東單位任職予以衡量，在穩健性檢驗中採用兩職合一再次檢驗高管權力對超額薪酬的影響。這種處理方式是恰當的。

的權力依然是董事長獲取超額薪酬的顯著影響因素。表 5-9 的檢驗結果說明本書的研究結論是穩健的、可靠的，即上市公司尤其是國企控股上市公司的董事長憑藉其權力獲得了權力性超額薪酬，而上市公司總經理的超額薪酬並不是通過總經理權力獲得的，可能更多地源自於總經理能力等其他因素。

表 5-9　　　　　　高管兩職合一與高管超額薪酬的關係檢驗

變量	總經理 Over_pay 全樣本	總經理 Over_pay 國企	總經理 Over_pay 非國企	董事長 Over_pay 全樣本	董事長 Over_pay 國企	董事長 Over_pay 非國企
Dual	0.009	0.022	0.007	0.038*	0.111***	0.004
	(0.45)	(0.62)	(0.30)	(1.74)	(2.59)	(0.15)
Size	0.038***	0.032***	0.039***	0.061***	0.045***	0.073***
	(5.73)	(3.40)	(4.04)	(6.52)	(3.07)	(5.37)
Lev	0.016	0.034	−0.007	0.007	0.035	−0.007
	(0.99)	(1.51)	(−0.29)	(0.13)	(0.35)	(−0.11)
Age	−0.032**	−0.095***	0.002	0.014	0.028	0.019
	(−2.48)	(−4.08)	(0.10)	(0.92)	(0.98)	(1.01)
Growth	−0.000	−0.000	0.000	−0.003	−0.007	−0.001
	(−0.51)	(−0.24)	(0.23)	(−0.86)	(−0.50)	(−0.28)
BH	0.128***	0.139***	0.138**	−0.080	−0.111*	−0.025
	(3.29)	(2.85)	(2.06)	(−1.62)	(−1.81)	(−0.30)
截距項	−0.623***	−0.243	−0.801***	−1.103***	−0.922**	−1.362***
	(−3.78)	(−0.94)	(−3.34)	(−4.88)	(−2.29)	(−4.27)
Industry	控制	控制	控制	控制	控制	控制
Year	控制	控制	控制	控制	控制	控制
R^2	0.102	0.154	0.095	0.122	0.218	0.101
F	4.52***	3.92***	1.91***	5.03***	3.92***	2.50***
樣本量	861	476	385	789	319	470

註：①括號內數值為 T 統計量；② ***、**和*分別表示 1%、5%和 10%顯著性水平。

通過上述高管權力與高管超額薪酬的實證研究，總經理的權力並不是總經理獲取超額薪酬的主要原因，而董事長的權力是董事長獲取超額薪酬的主要原因，從超額薪酬的性質上看董事長獲得了權力性超額薪酬。那麼，厘清董事長

的權力性超額薪酬是否具有激勵功能，能否降低代理成本等問題，有助於為權力性超額薪酬的約束機制設立提供理論基礎。

5.4 權力性超額薪酬的經濟后果

由於公司治理機制不健全，無法對高管權力進行有效的監督，致使公司高管通過權力自定薪酬甚至獲取超額薪酬。高管薪酬激勵本是解決代理問題、降低代理成本的有效方式，然而隨著高管超額薪酬的出現以及失控的高管權力，薪酬契約的有效性備受質疑。如果高管權力缺乏有效監督並成為高管自利的工具，很可能產生一系列有違商業倫理的經濟后果，如通過盈余管理操縱應計項目，或者操縱公司業績獲取超額薪酬等。管理者通過權力獲取權力性超額薪酬的不利經濟后果，得到現有文獻研究結論的支持。如權小鋒等（2010）發現，超額薪酬掠奪股東財富，損害了外部投資人的利益，不僅導致當期業績受損，還可能導致公司未來業績下降。高管高薪不僅不能解決代理問題反而提高了代理成本（吳育輝和吳世農，2010）。高管超額薪酬損害社會公平，導致貧富差距擴大（盧銳，2007；吳聯生等，2010；方軍雄，2011；黎文靖和胡玉明，2012）。

本章借鑑吳育輝和吳世農（2010）、周仁俊等（2012）的做法，構建如下模型（Ⅱ）進一步分析高管權力性超額薪酬的經濟后果。

$$Perfor/Subcost = \alpha + \beta_1 Over\_pay + \beta_2 Size + \beta_3 Lev + \beta_4 Age + \beta_5 \times Soe + \beta_6 BH + \beta_7 Growth + \Sigma Industry + \Sigma Year + \varepsilon \qquad (Ⅱ)$$

模型（Ⅱ）中，被解釋變量為公司業績 $Perfor$ 和代理成本 $Subcost$。其中，公司業績指標用資產收益率 Roa（淨利潤/平均總資產）表示，考慮到薪酬激勵的滯后性，取滯后一期的資產收益率；代理成本指標用應計項目 $Accrual$（流動資產-流動負債+應交稅費+應付利息-現金流淨額-折舊與折耗-攤銷）表示。解釋變量 $Over\_pay$ 為多層線性分析法度量的高管超額薪酬。控制變量的設置與模型（Ⅰ）相同。

根據上述實證研究結果，僅有董事長憑藉其權力獲得了權力性超額薪酬。因此，當檢驗權力性超額薪酬的經濟后果時，本章只用董事長樣本考察高管權力性超額薪酬對公司業績和代理成本的影響，迴歸結果見表5-10。表5-10的結果表明，不論是全樣本、國企樣本還是非國企樣本，董事長的超額薪酬 $Over\text{-}pay$ 與公司業績 Roa 呈正相關關係，但都沒有通過顯著性檢驗，說明董事長

獲得的權力性超額薪酬並沒有獲得預期的激勵效果，並未顯著改善公司業績。但是，在全樣本和國企控股上市公司樣本中，董事長的超額薪酬 $Over-pay$ 與代理成本 $Accural$ 分別在 5% 和 1% 水平上顯著正相關，這表明上市公司尤其是國企控股上市公司中，董事長的權力性超額薪酬非但未能降低代理成本，反而增加了公司的代理成本。

表 5-10　　　　　董事長權力性超額薪酬的經濟后果檢驗

變量	全樣本 Roa	全樣本 Accrual	國企 Roa	國企 Acc	非國企 Roa	非國企 Accrual
$Over\_pay$	0.002 (0.15)	0.764** (2.00)	0.013 (1.12)	2.522*** (2.68)	-0.004 (-0.23)	0.779 (1.63)
$Size$	0.014*** (4.80)	0.643*** (5.34)	0.011*** (3.77)	0.203 (0.86)	0.014*** (3.09)	0.856*** (5.04)
Lev	-0.156*** (-10.12)	0.023 (0.03)	-0.202*** (-9.99)	-1.148 (-0.75)	-0.131*** (-6.09)	0.220 (0.25)
Age	0.004 (0.94)	0.284 (1.55)	0.003 (0.50)	-0.189 (-0.43)	0.004 (0.54)	0.342 (1.33)
$Growth$	0.002** (2.13)	0.672** (2.44)	0.014*** (4.58)	-0.331 (-0.38)	0.002 (1.08)	0.566 (1.65)
BH	-0.036** (-2.46)	-0.596 (-1.48)	-0.003 (-0.25)	-0.648 (-1.34)	-0.089*** (-3.15)	-0.213 (-0.31)
截距項	-0.251*** (-3.77)	4.276 (1.47)	-0.220*** (-2.65)	13.838** (2.55)	-0.260** (-2.42)	-0.535 (-0.13)
Industry	控制	控制	控制	控制	控制	控制
Year	控制	控制	控制	控制	控制	控制
Ad. R^2	0.159,3	0.520,1	0.307,6	0.565,8	0.131,2	0.512,6
F	8.11***	7.33***	7.73***	3.61***	4.54***	5.7***
樣本量	789	789	319	319	470	470

5.5 本章小結

本章利用存在高管超額薪酬的 861 個總經理樣本和 789 個董事長樣本，以高管在公司內部交叉任職和在股東單位任職表徵高管權力，從高管權力的視角實證分析了高管權力對高管超額薪酬的影響以及權力性超額薪酬的經濟后果。在穩健性檢驗中，本章分別用 Core Model 度量高管超額薪酬，用高管政治關聯和高管兩職合一表徵高管權力，得出了相同的研究結論。通過實證分析，得到了以下三個重要的研究結論：

第一，總經理權力對總經理超額薪酬沒有顯著影響。不論是全樣本、國企樣本還是非國企樣本，這一結論都成立，充分說明總經理的超額薪酬並不是來源於總經理的權力，可能更多地受其能力的影響（第 6 章的研究內容）。

第二，董事長權力與董事長超額薪酬呈顯著正相關關係。這一結論對全樣本和國企樣本均成立，而非國企樣本則不成立。這表明我國上市公司尤其是國企控股上市公司的董事長憑藉其權力獲取權力性超額薪酬。

第三，董事長的權力性超額薪酬對公司業績沒有顯著影響，而對公司代理成本有顯著的正向影響。這說明董事長獲得的權力性超額薪酬非但未能改善公司業績，反而增加了公司的代理成本。

綜合起來，上市公司尤其是國企控股上市公司董事長憑藉其權力獲得了權力性超額薪酬，而遺憾的是，董事長獲得的權力性超額薪酬非但未能改善公司績效，反而增加了公司的代理成本。因此，推進公司薪酬制度改革，對公司高管獲得的權力性超額薪酬進行有效遏制，通過公司治理機制約束權力性超額薪酬是當前及今后相當長一段時間內中國上市公司治理改革的重要課題。

本書接下來的安排是，在第 6 章將深入研究高管能力對高管超額薪酬的影響，進一步厘清高管超額薪酬的性質以及是否存在能力性超額薪酬，為高管超額薪酬的激勵約束機制構建提供理論和實證支持。

6 高管能力與高管超額薪酬的實證研究

現代企業是人力資本與非人力資本的契約集合（周其仁，1996），人力資本特別是高管專用性人力資本是企業的稀缺性資源。吳敬璉（2015）指出「人力資本+物資資料+效率＝經濟增長」，這個等式中人力資本起決定作用，是經濟發展的正面推動力。根據 Rosen（1992）的觀點，高管能力的高低是決定其薪酬水平的重要因素。如果存在競爭性的經理人市場，高管薪酬是市場對高管能力競爭性需求的結果，高薪酬是高管高能力的體現，也是董事會對高管高能力的期望。從理論上講，高管能力素質越強，其經營管理效率越高，公司經營績效越好。高能力型高管更可能在大規模公司獲得最高職位，才能對公司規模具有放大效應和財富效應。高管能力與公司規模是一個匹配過程，只有能力最強的人才能勝任最大公司的最高領導。

上一章系統分析了高管權力與高管超額薪酬之間的關係，發現董事長的權力顯著影響董事長的超額薪酬。也就是說，董事長權力是董事長獲取超額薪酬的主要原因，董事長獲得的超額薪酬是權力性超額薪酬。但是，在總經理樣本中，總經理的權力與總經理超額薪酬之間不存在顯著性關係，也就是說，總經理的超額薪酬較少受到總經理權力的影響。那麼，總經理超額薪酬主要受什麼因素影響呢？根據薪酬契約的本質，薪酬水平反應高管的能力水平和高管的經營業績，那麼，高管的能力水平和經營業績是否是高管獲取超額薪酬的主要原因呢？高管能力與高管超額薪酬之間的關係如何呢？這些問題的回答有助於厘清公司高管超額薪酬的性質是能力性超額薪酬還是權力性超額薪酬，並為上市公司高管超額薪酬激勵與約束機制的構建提供經驗證據。

6.1 理論分析與研究假設

根據薪酬契約理論，高管薪酬是基於高管的能力水平和公司業績的回報。

Fama（1980）從高管能力的視角研究高管高薪問題，認為高管高薪是高管超常能力的報酬或期望。董事會以高管的能力水平選擇與本公司特徵匹配的高管，並為高管設置有效的薪酬契約。剔除公司所處的行業和規模等特徵因素后，公司高管獲得相比市場平均水平更高的薪酬則意味著高管具備超出市場平均水平的能力，這是董事會對高管超常能力的期望，董事會支付給高管的薪酬水平越高則意味著公司高管的能力越強。按照 Shen et al.（2009）的觀點，公司高管具有不同的特質，高管的能力水平、風險承擔的偏好以及公司所面臨的經營風險均存在差異。因此，高管的薪酬契約也應該根據上述差異相機而定，即董事會中薪酬委員會在制定高管薪酬過程中應充分考慮高管的能力水平、風險偏好和任務複雜程度，高管的高薪反應了公司對高管高能力的期望和優良業績的回報（Bizjak et al., 2008；Wowak et al., 2011），高管高薪一定程度上代表著高管的高能力（方軍雄，2012）。李維安等（2010）從經理人市場和公司特徵的視角考察了高管薪酬問題，實證發現：高管薪酬水平的上升由市場力量和公司特徵共同決定，高管薪酬上漲反應了市場對經理人才能的競爭性需求。在其他條件一定的情況下，當公司規模越大、業務複雜程度越高或者具有較好的增長潛力時，出於對經理才能的需求，公司願意也必須支付較高的高管薪酬。

　　James & Marua（2003）則從高管專用性人力資本的視角研究了高管薪酬上漲問題，並指出高管獨特的人力資本是解釋高管薪酬上漲的重要因素。Barney（1991）、Amit & Schoemaker（1993）從戰略資源的角度，指出高管所擁有的特殊管理技能是稀缺的、難以替代和難以模仿的，是公司具有較高價值的、珍貴的戰略資源，高管應當獲得與其特殊管理才能匹配的、較高的市場回報。根據戰略資源學派的觀點，高管具有的特殊背景是影響其薪酬水平的重要因素，這一觀點在 Carpenter & Wade（2002）的研究中得到充分的體現。比如，在重視產品創新的公司中，具有較強研發能力的高管的收入水平較高；而在重視行銷的公司中，擁有豐富行銷能力的高管呈現出較高的薪酬。也就是說，高管具備的特殊社會經歷是其高能力的呈現形式。高管能力越強，兼任社會職務的機會越多，兼職的級別越高。相應地，與其能力水平匹配的薪酬水平也就越高，獲得超額薪酬的機會就越大。

　　從最優薪酬契約的角度，應基於高管的能力和高管努力程度來設計薪酬契約。然而，由於高管能力和高管努力程度無法準確度量，因此最優薪酬契約的有效性頗受質疑。本章嘗試從高管能力的顯性指標，如高管的社會關係來表徵高管的能力水平。高管的社會關係是企業擁有的社會資本的反應。對企業而

言，社會資本是一種關鍵資本，有助於企業完成任務使命以及為客戶與股東創造價值。社會資本分為外部資本和內部資本，尤其是外部社會資本是企業成功的關鍵。作為上市公司的總經理或董事長，若還在其他企業或上市公司兼任較高的職務，比如兼任董事長、總經理或者董事等職務，則表明該高管具有較強的能力，只有能力強的高管才可能被其他公司聘為兼職的公司高級管理人員。同時，若上市公司總經理或董事長除了被本公司雇傭之外，還被其他公司聘用，則說明該高管的才能具有競爭性的外部需求市場。上市公司為了吸引或留住能力型高管就必須支付競爭性薪酬，導致能力型高管通過外部市場競爭獲取高額薪酬。因此，激烈的市場競爭環境中，公司為了留住高能力的董事長或總經理可能會支付更高的薪酬。也就是說，公司高管在公司之外兼任的職務類型級別越高，意味著高管的能力越強，獲得超額薪酬的機會就越多，薪酬水平也就越高。基於上述分析，本章提出假設 H6-1：

H6-1：高管能力是高管獲取超額薪酬的主要原因，即總經理或董事長在公司外部兼職類型越高意味著其能力越強，更可能獲得高薪或超額薪酬。

6.2 實證研究設計

6.2.1 樣本選擇與數據來源

本書的研究樣本來自於 SCMAR 數據庫，以上市公司 2008—2013 年作為研究區間，選取公司基本信息、公司治理、財務報表、人物特徵等數據，對深滬兩市 A 股上市公司樣本剔除金融類和創業板上市公司，共獲得 1,511 家上市公司 5,298 個總經理有效樣本和 1,344 家上市公司 4,657 個董事長有效樣本。同時，對表徵高管能力的外部兼職數據進行手工收集並加以復核。

6.2.2 模型及變量

借鑒 Shen et al.（2009）、Wang（2010）、Wowak et al.（2011）、權小鋒等（2010）等的研究，本章構建如下模型（I）檢驗高管能力對高管超額薪酬的影響。

$$Over\_pay = \alpha + \beta_1 Social + \beta_2 Soe + \beta_3 Size + \beta_4 Lev + \beta_5 Age + \beta_6 Growth + \beta_7 BH + \Sigma Industry + \Sigma Year + \varepsilon \tag{I}$$

被解釋變量：$Over\_pay$ 為採用多層線性分析法度量的樣本公司董事長和總經理的超額薪酬。在穩健性研究中，$Over\_pay$ 為採用 Core Model 度量的樣本

公司董事長和總經理的超額薪酬。

解釋變量：高管能力 Social，用高管的社會關係即高管對外兼任的職務類型予以表徵。如果公司高管兼任其他公司的董事長、總經理、董事或其他職務，則意味著該高管擁有良好的社會關係，具備較強的能力素養和能力水平。若樣本公司高管在公司外部兼任 CEO 或（和）董事長、董事或其他職務，Social 分別賦值為 2 和 1，無兼職則賦值為 0。

針對模型中的控制變量，借鑑 Shen et al.（2009）、Wowak et al.（2011）、權小鋒等（2010）、方軍雄（2012）等的研究，本章主要對公司規模 Size、資產負債率 Lev、上市年齡 Age、成長性 Growth、公司控股權性質 Soe 和是否同時發行 B 股或 H 股進行控制。此外，模型中還控制了行業效應和年度效應。變量定義及說明見表 6-1。

表 6-1　　　　　　　　　變量定義及說明

變量名稱	變量符號	計算方法及說明
被解釋變量：超額薪酬	Over_pay_h	採用多層線性分析法度量的總經理或董事長超額薪酬
	Over_pay_c	利用 Core Model 度量的總經理或董事長超額薪酬
解釋變量：高管能力	Social	虛擬變量，若總經理/董事長同時兼任其他公司的 CEO 或（和）董事長、董事或其他職務，分別賦值為 2 和 1，無兼職則賦值為 0。
創新能力	Innovate	穩健性檢驗中，用公司創新能力（樣本公司新增投資比）表徵高管能力。公司創新能力＝無形資產和固定資產的增加額/期初無形資產和固定資產合計。
控制變量：公司規模	Size	公司總資產的自然對數
公司風險	Lev	負債總額/資產總額
上市年齡	Age	公司上市年齡的對數
成長性	Growth	公司營業收入增長率
控股權性質	Soe	虛擬變量，國企控股為 1，非國企控股為 0
是否同時發行 B 股或 H 股	BH	虛擬變量，若樣本公司同時發行 B 股或 H 股賦值為 1，否則為 0

6.3 實證結果與分析

6.3.1 描述性統計

表 6-2、表 6-3 報告了模型（I）中各變量的描述性統計結果。從總經理樣本可知，採用多層線性分析法和 Core Model 度量的超額薪酬樣本分別為 861 家和 1,703 家上市公司，多層線性分析法度量的樣本公司個數僅占 Core Model 度量方法的 50%；多層線性分析法度量總經理的超額薪酬均值 0.19 明顯低於 Core Model 度量的總經理超額薪酬均值 0.47。從董事長樣本可知，兩種方法度量的超額薪酬樣本分別為 789 家和 1,629 家上市公司，多層線性分析法度量的樣本公司個數僅占 Core Model 度量方法的 48%；多層線性分析法度量董事長的超額薪酬均值 0.29 明顯低於 Core Model 度量的董事長超額薪酬均值 0.57。此外，與 Core Model 度量的超額薪酬相比，多層線性分析法度量的超額薪酬在 25 分位數、中值、75 分位數和最大值上均遠小於 Core Model，這表明採用多層線性分析法度量高管超額薪酬在剔除高管薪酬的合理因素上更為乾淨。因此，用多層線性分析法度量高管超額薪酬，研究高管能力與超額薪酬之間的關係，得出的研究結論也更具說服力。存在超額薪酬的總經理和董事長樣本社會兼職均值分別為 1.1 和 1.48，董事長高於總經理。

表 6-2　模型（I）中總經理公司樣本變量的描述性統計

變量	樣本量	均值	標準差	最小值	25%分位數	中值	75%分位數	最大值
Over_pay_h	861	0.19	0.22	0.00	0.06	0.13	0.22	1.78
Over_pay_c	1,703	0.47	0.39	0.00	0.18	0.38	0.64	2.43
Social	861	1.1	0.6	0	1	1	1	2
Size	861	21.91	1.18	16.7	21.18	21.82	22.61	26.47
Lev	861	0.5	0.43	0.01	0.33	0.48	0.62	8.26
Age	861	11.8	5.51	2.0	6.0	13.0	16.0	23.0
Growth	861	0.6	6.87	-0.8	-0.01	0.13	0.3	167.65
BH	861	0.04	0.19	0	0	0	0	1

表 6-3　　模型（I）中董事長公司樣本變量的描述性統計

變量	樣本量	均值	標準差	最小值	25%分位數	中值	75%分位數	最大值
Over_pay_h	789	0.29	0.28	0	0.1	0.22	0.39	2.13
Over_pay_c	1,629	0.57	0.46	0.00	0.24	0.48	0.82	3.62
Social	789	1.48	0.63	0	1	2	2	2
Size	789	21.83	1.15	17.92	21.09	21.68	22.41	27.39
Lev	789	0.47	0.21	0.01	0.33	0.47	0.61	2.26
Age	789	9.51	5.78	2.0	4.0	9.0	15.0	21.0
Growth	789	0.21	0.98	−0.81	−0.01	0.12	0.25	20.11
BH	789	0.04	0.2	0	0	0	0	1

6.3.2　相關性分析

表 6-4、表 6-5 報告了模型（I）中變量間的 Pearson 簡單相關係數。由表 6-4 可知，總經理的能力與其獲得的超額薪酬在 5% 的水平上正相關，公司規模、同時發行 B 股或 H 股與總經理超額薪酬存在較強的正相關關係。由表 6-5 可知，董事長的能力與其獲得的超額薪酬之間不存在顯著性關係，公司規模、負債率與董事長超額薪酬顯著正相關。這似乎表明高管權力與高管能力之間呈相輔相成的關係，即總經理超額薪酬與總經理的能力顯著相關，而董事長由於獲得的是權力薪酬超額薪酬，從相關性上看董事長的能力與其超額薪酬不相關。此外，本章還對各變量進行了 VIF 檢驗，其中，總經理樣本中變量的方差擴大因子為 3.26，董事長樣本中變量的方差擴大因子為 3.1，均小於 4，說明模型（I）不存在嚴重多重共線性問題。

表 6-4　　　　　總經理樣本變量間的相關性分析

變量	*Over_pay*	*Social*	*Size*	*Lev*	*Age*	*Growth*	*BH*	*Soe*
Over_pay	1.00							
Social	0.078**	1.00						
Size	0.201***	0.055	1.00					
Lev	−0.015	−0.053	−0.065*	1.00				
Age	−0.062*	−0.189***	−0.103**	0.232***	1.00			
Growth	−0.005	−0.018	0.006	0.037	0.073***	1.00		

表6-4(續)

變量	Over_pay	Social	Size	Lev	Age	Growth	BH	Soe
BH	0.107***	-0.052	-0.012	0.078**	0.261***	-0.012	1.00	
Soe	-0.011	-0.036	0.209***	0.141***	0.382***	-0.048	0.058***	1.00

表6-5　　　　　董事長樣本變量間的相關性分析

變量	Over_pay	Social	Size	Lev	Age	Growth	BH	Soe
Over_pay	1.00							
Social	0.044	1.00						
Size	0.275***	0.21***	1.00					
Lev	0.096***	-0.001	0.364***	1.00				
Age	0.057	-0.068*	0.116***	0.355***	1.00			
Growth	0.039	-0.017	0.006	0.004	0.024	1.00		
BH	-0.043	-0.039	-0.014	0.134***	0.302***	-0.026	1.00	
Soe	-0.000	-0.013	0.2***	0.22***	0.371***	-0.061*	0.099***	1.00

註：***、**和*分別表示1%、5%和10%顯著性水平。

6.3.3　多元迴歸分析

為了反應不同控股權性質的上市公司高管能力對高管超額薪酬的影響差異，本章分別按全樣本、國企樣本和非國企樣本進行檢驗。為了消除內生性的影響，模型（I）中控制變量均取滯后一期值。迴歸結果見表6-6所示。

表6-6的分析顯示，在全樣本和國企樣本中，表徵總經理能力的社會關係Social與總經理超額薪酬Over_pay分別在5%和1%水平上顯著正相關，而在非國企樣本中，這一顯著性關係卻消失了，說明假設H6-1在全樣本和國企樣本中成立，在非國企樣本中不成立。這表明上市公司尤其是國企上市公司總經理的超額薪酬取決於總經理的能力，超額薪酬是對總經理高能力的反應，總經理獲取的超額薪酬是一種能力性超額薪酬。然而，無論是全樣本、國企樣本還是非國企樣本，表徵董事長能力的社會關係Social與董事長超額薪酬Over_pay之間均不存在顯著性關係，假設H6-1在董事長樣本中不成立，說明董事長獲得的超額薪酬不是其高於市場平均能力的反應，而是憑藉其權力獲得的權力性超額薪酬，這一實證發現進一步印證了上一章高管權力與高管超額薪酬的實證研究結論。在非國企樣本中，高管超額薪酬既沒有受高管權力的顯著影響

（第5章的實證結果），也沒有受高管能力的顯著影響（本章的實證結果），說明與國企相比，非國企高管超額薪酬可能受到其他因素的影響。

本章和上一章的實證研究結果說明，在我國國企上市公司中，高管的任職類型與其獲得超額薪酬的性質顯著相關。我國國有企業具有天然的政治關聯，國企上市公司的董事長一般由國資委行政任命，具有一定的行政級別，而總經理一般由董事會聘任。相對於總經理來說，公司董事長具有更大的權力。在自身薪酬設計上，董事長具有較大的自由裁量權，更有機會通過權力獲得超額薪酬。因此，董事長的超額薪酬與董事長權力高度相關，而國企上市公司總經理的薪酬設計一般由董事會及其薪酬委員會確定，董事會及其薪酬委員會一般根據總經理的能力水平和經營業績設計薪酬契約，導致總經理的超額薪酬受到總經理能力的顯著影響，呈現出總經理的超額薪酬是其高於市場平均能力的反應。即在我國國企上市公司中，若高管的任職類型是董事長時，其超額薪酬體現為「高權力→高薪酬」這一邏輯關係；若高管的任職類型是總經理時，其超額薪酬體現為「高能力→高薪酬」這一邏輯關係。

表6-6　　　　　　　高管能力與高管超額薪酬的關係檢驗

變量	總經理 Over_pay 全樣本	總經理 Over_pay 國企	總經理 Over_pay 非國企	董事長 Over_pay 全樣本	董事長 Over_pay 國企	董事長 Over_pay 非國企
Social	0.034**	0.057***	0.016	0.001	0.026	−0.011
	(2.23)	(2.77)	(0.65)	(0.07)	(1.03)	(−0.50)
Size	0.037***	0.031***	0.039***	0.059***	0.042***	0.073***
	(5.73)	(3.36)	(4.07)	(6.25)	(2.83)	(5.38)
Lev	0.017	0.040*	−0.007	0.008	0.075	−0.009
	(1.04)	(1.74)	(−0.32)	(0.15)	(0.74)	(−0.14)
Age	−0.028**	−0.090***	0.004	0.011	0.026	0.019
	(−2.24)	(−3.91)	(0.22)	(0.73)	(0.91)	(0.97)
Growth	−0.000	−0.000	0.000	−0.003	−0.012	−0.001
	(−0.45)	(−0.14)	(0.22)	(−0.90)	(−0.79)	(−0.27)
BH	0.130***	0.143***	0.138**	−0.073	−0.096	−0.020
	(3.42)	(3.01)	(2.07)	(−1.50)	(−1.55)	(−0.24)
截距項	−0.616***	−0.249	−0.791***	−1.035***	−0.886***	−1.353***

表6-6（續）

變量	總經理 Over_pay			董事長 Over_pay		
	全樣本	國企	非國企	全樣本	國企	非國企
	(-3.82)	(-0.97)	(-3.39)	(-4.63)	(-2.17)	(-4.33)
Industry	控制	控制	控制	控制	控制	控制
Year	控制	控制	控制	控制	控制	控制
R^2	0.108	0.169	0.097	0.118	0.201	0.101
F	4.85***	4.4***	1.95***	4.89***	3.56***	2.51***
樣本量	861	476	385	789	319	470

註：①括號內數值為T統計量；②***、**和*分別表示1%、5%和10%顯著性水平；③每個模型各變量的VIF最大值均小於4，說明模型不存在多重共線性問題。

6.3.4 穩健性檢驗

第一，用Core Model度量高管超額薪酬。

為了獲得更為可靠的研究結論，本章採用Core Model度量高管超額薪酬，再次對模型（I）進行檢驗，其迴歸結果見表6-7。

由表6-7可見，在全樣本和國企樣本中，總經理的能力與總經理超額薪酬之間依然在1%水平上顯著正相關，而在非國企樣本中，這種顯著性相關關係不成立，表明上市公司尤其是國企上市公司總經理的能力是總經理獲取超額薪酬的主要原因。然而，無論是全樣本、國企業樣本還是非國企樣本，董事長的超額薪酬與董事長能力依然不存在顯著性關係，說明上市公司董事長獲取的超額薪酬與董事長的能力無關。在非國企樣本中，無論是總經理還是董事長，其超額薪酬與高管的能力均不存在顯著性關係，說明非國企上市公司高管的超額薪酬可能受到其他因素的影響。上述研究結論與用多層線性分析法度量高管超額薪酬的研究結論完全一致。

表6-7　高管能力與Core模型度量的高管超額薪酬的關係檢驗

變量	總經理 Over_pay			董事長 Over_pay		
	全樣本	國企	非國企	全樣本	國企	非國企
Social	0.053***	0.084***	0.032	0.025	0.038	-0.007
	(2.71)	(2.94)	(1.18)	(1.37)	(1.67)	(-0.25)

表6-7(續)

變量	總經理 Over_pay			董事長 Over_pay		
	全樣本	國企	非國企	全樣本	國企	非國企
Size	0.021*	0.050***	0.029*	−0.001	−0.008	0.029**
	(1.87)	(2.87)	(1.86)	(−0.09)	(−0.71)	(1.97)
Lev	−0.008	−0.109	−0.012	−0.013	−0.008	−0.023
	(−0.71)	(−1.07)	(−1.06)	(−0.48)	(−0.22)	(−0.52)
Age	0.077***	0.029	0.132***	0.012	−0.031	0.083***
	(4.11)	(0.78)	(5.47)	(0.73)	(−1.16)	(3.38)
Growth	0.001	0.003	0.001	−0.001	−0.001	−0.002
	(1.05)	(0.19)	(0.83)	(−0.63)	(−0.28)	(−0.89)
BH	−0.130*	−0.180*	−0.058	−0.016	0.003	0.003
	(−1.79)	(−1.93)	(−0.54)	(−0.31)	(0.06)	(0.03)
截距項	0.053	−0.420	−0.189	0.612***	0.731***	−0.034
	(0.21)	(−0.97)	(−0.53)	(2.94)	(2.66)	(−0.10)
Industry	控制	控制	控制	控制	控制	控制
Year	控制	控制	控制	控制	控制	控制
R^2	0.047	0.103	0.074	0.044	0.097	0.073
F	3.81**	3.38*	3.67***	1.66**	1.33	2.21***
樣本量	1,703	899	804	1,629	638	991

註：①括號內數值為 T 統計量；②***、** 和 * 分別表示 1%、5% 和 10% 顯著性水平；③每個模型各變量的 VIF 最大值均小於 4，說明模型不存在多重共線性問題。

第二，用公司創新能力表徵高管能力。

公司的創新能力一定程度上代表公司高管的風險承擔行為和能力素養。高能力高管具有寬廣的商業視野和豐富的公司營運經驗，能夠敏銳地捕捉市場需求和投資機會，推動公司創新，從而引領行業發展。高管能力越強，公司創新發展能力越強。於是，本書用高管創新能力 Innovate（變量定義見表 6-1）替代高管的社會關係表徵高管能力，其他變量保持不變，重新對模型（I）進行迴歸，檢驗結果見表 6-8。

由表 6-8 可見，在全樣本和國企樣本中，總經理能力與總經理超額薪酬呈正相關關係，與表 6-6 符號相同，但沒有通過顯著性檢驗，而在非國企樣本

中，總經理的創新能力與總經理超額薪酬在 5% 水平上顯著正相關。這說明上市公司尤其是民營上市公司的總經理憑藉其創新能力獲得了能力性超額薪酬。董事長樣本中，不論是全樣本、國企樣本還是非國企樣本，董事長的創新能力與董事長超額薪酬之間都沒有統計意義的相關性，同樣表明董事長並不是依靠其能力獲得超額薪酬的。這一研究結論與表 6-6 的結論相符。總體上，本章的研究結論是穩健可靠的。

表 6-8　　　　　高管創新能力與高管超額薪酬的關係檢驗

變量	總經理 Over_pay 全樣本	國企	非國企	董事長 Over_pay 全樣本	國企	非國企
Innovate	0.001	0.054	0.007**	0.017	0.150	−0.019
	(0.26)	(0.92)	(2.00)	(0.36)	(1.54)	(−0.34)
Size	0.037***	0.032***	0.043***	0.059***	0.046***	0.071***
	(5.76)	(3.44)	(4.44)	(6.36)	(3.15)	(5.37)
Lev	0.013	0.035	−0.087*	0.010	0.065	−0.013
	(0.66)	(1.53)	(−1.88)	(0.19)	(0.66)	(−0.20)
Age	−0.032**	−0.091***	0.008	0.011	0.033	0.020
	(−2.51)	(−3.91)	(0.47)	(0.77)	(1.14)	(1.02)
Growth	−0.000	−0.000	0.001	−0.003	−0.010	−0.001
	(−0.52)	(−0.25)	(0.29)	(−0.90)	(−0.69)	(−0.27)
BH	0.132***	0.144***	0.166**	−0.073	−0.107*	−0.028
	(3.44)	(3.01)	(2.45)	(−1.50)	(−1.74)	(−0.34)
截距項	−0.617***	−0.267	−0.864***	−1.042***	−0.979**	−1.328***
	(−3.80)	(−1.03)	(−3.68)	(−4.67)	(−2.42)	(−4.27)
Industry	控制	控制	控制	控制	控制	控制
Year	控制	控制	控制	控制	控制	控制
R^2	0.103	0.156	0.105	0.118	0.205	0.100
F	4.59***	4.00***	2.14***	4.90***	3.64***	2.51***
樣本量	861	476	385	789	319	470

註：①括號內數值為 T 統計量；②***、**和*分別表示 1%、5% 和 10% 顯著性水平；③每個模型各變量的 VIF 最大值均小於 4，說明模型不存在多重共線性問題。

通過上述高管能力與高管超額薪酬的實證研究，可知總經理的能力是總經理獲取超額薪酬的主要原因，而董事長的權力是董事長獲取超額薪酬的主要原因。從超額薪酬的性質上看，總經理獲得了能力性超額薪酬而董事長獲得了權力性超額薪酬。通過第5章董事長權力性超額薪酬的經濟后果分析，發現董事長的權力性超額薪酬不具有激勵功能，反而導致更高的代理成本。那麼，厘清總經理的能力性超額薪酬是否具有激勵功能，能力性超額薪酬的邏輯關係等問題，有助於為能力性超額薪酬的激勵制度構建提供理論基礎。

6.4 能力性超額薪酬的激勵效果

Schultz（1961）認為，人力資本的質量對經濟增長的貢獻遠比物質資本重要。Romer（1986）認為，企業家所具有的專用性人力資本能形成遞增收益，並能為企業創造更好的經濟績效，使經濟保持長期增長。Hermanson（1969）進一步指出，企業獲得的超額利潤是稀缺性人力資本的貢獻，超額利潤應該作為人力資本的報酬。James & Marua（2003）的實證發現，公司高管的人力資本是解釋高管薪酬上漲的重要因素。此外，Fama（1980）、Shen et al.（2009）嘗試從高管能力的視角研究高管薪酬，並認為公司高管應該獲得與其能力匹配的報酬。按照上述人力資本理論的觀點，高管稀缺性人力資本能夠為企業帶來超額收益，也就是說，高管高能力可能會給公司帶來優良業績，進而獲得較高的薪酬水平。表6-4和表6-5的實證結果表明，上市公司尤其是國企上市公司的總經理憑藉其能力獲得了能力性超額薪酬。上市公司為公司總經理支付高額薪酬甚至超額薪酬，其目的是激勵公司總經理再接再厲，充分展現其能力才華，進一步提高公司業績，促進公司價值和股東財富最大化。公司的這種願望能達成嗎？總經理的能力性超額薪酬具備激勵效果嗎？

為了檢驗能力性超額薪酬的激勵效果，本章構建如下模型（Ⅱ），並利用存在超額薪酬的861個總經理樣本檢驗能力性超額薪酬對公司業績的影響。

$$Perfor/Subcost = \alpha + \beta_1 Over\_pay + \beta_2 Size + \beta_3 Lev + \beta_4 Age + \beta_5 Soe + \beta_6 BH + \beta_7 Growth + \Sigma Industry + \Sigma Year + \varepsilon \qquad (Ⅱ)$$

模型（Ⅱ）中，被解釋變量為公司業績 $Perfor$ 和代理成本 $Subcost$。其中，公司業績指標用資產收益率 Roa（淨利潤/平均總資產）表示，代理成本指標用應計項目 $Accrual$（流動資產-流動負債+應交稅費+應付利息-現金流淨額-折舊與折耗-攤銷）表示。解釋變量 $Over\_pay$ 為用多層線性分析法度量的高

管超額薪酬。控制變量的設置與模型（I）相同。除被解釋變量外，模型（II）中其他變量的定義及說明、描述性統計、相關性分析分別見表6-1、表6-2、表6-3、表6-4和表6-5。迴歸分析結果見表6-9。

表6-9的分析結果顯示，在全樣本和國企樣本中，總經理能力性超額薪酬 Over_pay 與公司業績 Roa 在1%水平上顯著正相關，而在非國企樣本中，總經理能力性超額薪酬與公司業績正相關但不顯著。這說明上市公司尤其是國企上市公司給予總經理的能力性超額薪酬發揮了應有的激勵效果，顯著提高了公司業績。表6-9同時顯示，不論是全樣本、國企樣本還是非國企樣本，總經理能力性超額薪酬 Over_pay 與代理成本 Accrual 沒有統計意義的相關性，這說明向公司總經理支付能力性超額薪酬並沒有像董事長權力性超額薪酬那樣增加公司的代理成本。由此可見，總經理的能力性超額薪酬具有顯著的激勵功能，有助於激勵總經理努力工作，提高公司業績並增加股東財富。同時，總經理並沒有以提高代理成本或犧牲股東利益為代價換取超額薪酬，說明總經理的能力性超額薪酬是合理的薪酬。

表6-9　　　　　能力性超額薪酬的激勵效果檢驗

變量	全樣本 Roa	全樣本 Acc	國企 Roa	國企 Acc	非國企 Roa	非國企 Acc
Over_pay	0.040***	0.424	0.040***	0.533	0.039	1.298
	(3.02)	(0.59)	(3.33)	(0.34)	(1.45)	(1.18)
Size	0.000	0.739***	-0.001	0.551**	0.003	0.948***
	(0.17)	(4.70)	(-0.44)	(2.61)	(0.67)	(2.77)
Lev	-0.059***	0.122	-0.044***	0.527	-0.077***	1.715
	(-9.52)	(0.12)	(-7.62)	(0.38)	(-6.52)	(0.96)
Age	-0.054	-0.268	-0.006	-0.879	0.009	-0.758
	(-0.83)	(-0.80)	(-1.01)	(-1.58)	(0.97)	(-1.19)
Growth	0.000	0.376**	0.000	0.482	-0.000	0.293
	(0.05)	(1.92)	(0.92)	(1.36)	(-0.26)	(1.07)
BH	-0.468**	0.020	0.001	-1.344	-0.062***	0.568
	(-2.35)	(0.03)	(0.06)	(-1.25)	(-1.81)	(0.41)
截距項	-1.01***	3.889	0.072	6.606	-0.035**	0.260
	(-1.20)	(0.98)	(1.09)	(1.31)	(-0.29)	(0.03)

表6-9(續)

變量	全樣本		國企		非國企	
	Roa	Acc	Roa	Acc	Roa	Acc
Industry	控制	控制	控制	控制	控制	控制
Year	控制	控制	控制	控制	控制	控制
Ad. R^2	0.018,6	0.290,1	0.138,6	0.472,4	0.109,2	0.154,7
F	1.77***	2.95***	4.64***	3.19***	3.35***	1.58
樣本量	861	861	476	476	385	385

註：①括號內數值為 T 統計量；②***、**和*分別表示 1%、5%和 10%顯著性水平；③每個模型各變量的 VIF 最大值均小於 4，說明模型不存在多重共線性問題。

通過本章的前述分析，發現總經理獲取的超額薪酬是其超常能力的合理回報。總經理的能力性超額薪酬具有激勵功能，有助於激勵總經理努力工作，提高公司業績，並增加股東財富。對於「能力-薪酬-業績」三者之間的關係，本書已經分析了能力與薪酬、薪酬與業績之間的關係，那麼能力與業績之間的邏輯關係如何？若上市公司高管具備較高的能力並獲得了與能力匹配的薪酬，是否就意味著高能力就一定有高業績呢？因此，為了厘清「高能力→高業績→高薪酬」這一邏輯關係，本書將在第 8 章能力性超額薪酬的激勵制度中以總經理的能力性超額薪酬為研究樣本，分析高管能力對公司業績的影響。

6.5 本章小結

本部分利用存在高管超額薪酬的 861 個總經理樣本和 789 個董事長樣本，以高管外部社會關係表徵高管能力，從高管能力的視角實證分析了高管能力對高管超額薪酬的影響，並實證檢驗了能力性超額薪酬的激勵效果以及高管能力對公司業績的影響。在穩健性檢驗中，本章分別用 Core Model 度量的高管超額薪酬和用公司創新能力表徵高管能力再次對模型（I）進行檢驗，得出了相同的研究結論。本章的主要研究結論體現為以下三個方面：

第一，總經理能力與總經理超額薪酬呈顯著正相關關係。這一研究結論在全樣本和國企樣本中成立，而在非國企樣本中沒有獲得支持。這表明上市公司尤其是國企上市公司總經理的超額薪酬是憑藉其高能力獲得的，總經理超額薪酬的性質是一種能力性超額薪酬。

第二，董事長能力對董事長超額薪酬沒有顯著影響。不論是全樣本、國企樣本還是非國企樣本，這一研究結論均成立。這充分說明上市公司董事長獲得的超額薪酬並不是依據其能力獲得的，而更多地受董事長權力的影響。

第三，總經理能力性超額薪酬對公司業績有顯著正向影響，而對公司代理成本沒有影響。這一研究結論在全樣本和國企樣本中成立，在非國企樣本中沒有獲得支持。這表明我國上市公司尤其是國企上市公司向總經理支付的能力性超額薪酬具有明顯的激勵效果，顯著提高了公司業績，而並沒有增加公司代理成本。這也說明，總經理能力性超額薪酬是一種合理薪酬，應當給予適當激勵。

通過本書第 5 章高管權力與高管超額薪酬、第 6 章高管能力與高管超額薪酬的實證研究，發現在非國企樣本公司中高管的權力和能力均不是非國企高管獲取超額薪酬的顯著影響因素。在第 6 章中用高管的創新能力表徵高管能力，發現總經理的創新能力在非國企樣本中與總經理超額薪酬呈現一定的正向顯著關係，說明非國企上市公司高管超額薪酬的影響因素，有別於國企上市公司。超額薪酬的主要影響因素還有待從其他視角進行研究。

7　權力性超額薪酬的治理機制

　　現代公司制企業中高管與股東之間的代理問題普遍存在。由於信息不對稱可能會引發道德風險和逆向選擇，對高管進行薪酬激勵有助於減少道德風險和逆向選擇問題，因此高管薪酬作為一種有效的激勵工具得到理論和實務界的認可。高管薪酬的本質是對高管付出的努力和勞動成果進行合理補償，其基本作用在於補償人力資源價格，體現了高管薪酬機制的合理性。現實生活中支付高管高薪在於發揮薪酬的激勵功能，體現高管薪酬機制的有效性。補償是基礎而激勵是獎賞（高明華和杜雯翠，2013），設置合理有效的上市公司高管薪酬制度的前提條件是薪酬的合理性，即確定高管獲得的薪酬是與其實際能力、付出努力和貢獻成正比的薪酬。現實中，一些上市公司高管薪酬已經脫離了薪酬的本質，過分強調薪酬的激勵功能，忽略了薪酬的合理性。因此，從高管超額薪酬的影響因素入手，分析高管超額薪酬的性質，根據超額薪酬的性質是權力性超額薪酬還是能力性超額薪酬，建立相機的約束機制和激勵制度，才能有效發揮薪酬契約的激勵功能。

　　本書的第 5 章和第 6 章實證分析了高管超額薪酬的影響因素，本章首先分析超額薪酬的性質以及相機的激勵約束制度；其次在第 5 章權力性超額薪酬的經濟后果分析基礎上，進一步檢驗上市公司內部治理機制對權力性超額薪酬的約束效果；最后根據「高權力→高薪酬→低業績」這一邏輯關係和公司治理對超額薪酬的約束效果，從抑制高管權力的角度提出構建權力性超額薪酬的治理機制。

7.1　超額薪酬的性質與相機制度安排

　　本書從高管權力和高管能力兩個視角，實證發現董事長的權力是董事長獲取超額薪酬的主要原因，總經理的能力是總經理獲得超額薪酬的主要原因。進

一步分析發現,董事長的權力性超額薪酬不具有激勵功能反而引致更高的代理成本,而總經理的能力性超額薪酬具有顯著的激勵功能,能夠激勵總經理努力工作並提高公司業績。從公司權力配置和權力結構上看,董事長比總經理具有更大的權力,董事長是公司的最高決策者,而總經理由董事會任命並對董事會負責。這種權力結構和制度安排對高管超額薪酬的影響表現為:董事長的超額薪酬主要受董事長權力的影響,總經理的超額薪酬主要受總經理能力的影響,前者獲得權力性超額薪酬,而後者獲得能力性超額薪酬。因此,高管超額薪酬的制度設計應該根據超額薪酬的性質、激勵效果相機而定,即對權力性超額薪酬設置有效的權力約束機制,對能力性超額薪酬設置適宜的薪酬激勵制度。

7.1.1 薪酬激勵與治理約束

Holmstrom(1979)認為,委託代理問題的主要原因在於信息不對稱,信息不對稱需要委託人實施監督,避免高管的機會主義行為,促使高管努力工作。以兩權分離為主要特徵的現代公司制企業,股東需要建立一套完備的監督治理機制,對公司高管進行有效的監督和約束。在公司治理實踐中,監督機制的使用早於薪酬激勵機制。高明華和杜雯翠(2013)認為,監督機制和薪酬激勵機制對上市公司來說同樣重要。董事會監督機制對高管薪酬激勵機制存在替代作用。Conyon(1998)研究發現,董事長與總經理兩職分離有利於提高董事會的監督能力,起到約束高管權力的效果。類似的研究還發現,董事會規模、第一大股東持股比例有助於發揮監督效率,並約束高管薪酬水平。可見,實行董事長和總經理兩職分離、提高股權集中度等有利於遏制公司高管的不合理薪酬,公司治理機制與薪酬激勵制度互為替代關係。然而,杜勝利(2005)選取獨立董事比例和兩職合一來研究公司治理機制與薪酬激勵的關係,實證結果顯示公司治理機制對薪酬激勵具有促進作用,有助於提高高管薪酬激勵的有效性。

激勵問題一直是企業發展的主題和難題,激勵和約束同樣重要,兩者都有助於降低代理成本和解決信息不對稱問題(司徒功雲,2014)。公司治理與薪酬激勵之間的關係眾說紛紜,然而,公司治理缺乏監管效率是導致高管獲取超額薪酬的一個主要原因。正如管理者權力理論的倡導者 Bebchuk & Fried(2002、2004)指出的那樣,當公司治理機制健全完善且實施有效時,管理者謀取控制權私人收益的空間很小幾乎為零。也就是說,若公司治理機制完善且實施有效,則監督機制能夠有效監督和約束管理者的機會主義行為。通過建立有效的激勵約束機制解決委託代理問題得到普遍認可。因此,根據高管超額薪

酬的性質是權力還是能力，建立適宜的約束機制，遏制不合理的權力性超額薪酬，激勵合理的能力性超額薪酬是緩解代理問題的有效途徑。

7.1.2　超額薪酬的性質與激勵約束對策

據搜狐網 2015 年 3 月 26 日報導，中國銀行年薪 850 萬元的高薪高管宣布離職。850 萬元高薪在公眾看來是超額薪酬，但是對高能力型高管來說，850 萬元沒能反應其能力水平，導致企業留不住人才。上市公司高管高薪就一定不合理嗎？高管的薪酬激勵約束機制應該如何設置呢？高管超額薪酬是激勵還是約束的前提條件是確定高管薪酬的合理性。

理想的高管薪酬契約是基於高管的能力和高管的努力程度設置的。然而，由於高管的能力和高管的努力程度均不可觀測，可行的處理方法是通過高管個體特質推斷高管的能力水平以及通過公司業績考核高管的努力程度。公司業績受到諸多因素的影響，既有來自於高管個體層面因素，也有來自於公司組織以及公司所處市場環境因素的影響。因此，合理設置高管薪酬時，應兼顧高管個體特質、公司特徵和環境異質性差異，採用可觀察的高管個體特質變量度量高管的人力資本薪酬，利用公司特徵的代理變量和環境異質性的代理變量評價高管的組織環境薪酬。並將這部分能夠用高管個體特質解釋的人力資本薪酬和能夠用公司特徵和環境異質性變量合理解釋的組織環境薪酬之和界定為高管的合理薪酬，將高管的實際薪酬與合理薪酬之間的正差額定義為高管的超額薪酬。對於高管超額薪酬的合理性，若是能力性超額薪酬則公司制度設計應該突出超額薪酬的激勵功能，探索從薪酬水平、薪酬結構等方面加強超額薪酬的激勵效果，誘使高管更加努力地工作，提高公司業績並增加股東財富；若是權力性超額薪酬則公司制度設計應該強調約束功能，即通過加強公司治理機制改善公司治理的效果，分析抑制權力性超額薪酬的手段和途徑，從而降低公司代理成本。

根據本書第 5 章和第 6 章的實證結果，可知在我國上市公司高管中，由於高管擔任的職務類型不同，其獲得的超額薪酬性質上存在顯著差異，表現為總經理的超額薪酬是基於能力業績的能力性超額薪酬，而董事長在我國上市公司中擁有更高的權威，在超額薪酬上體現為董事長獲取了權力性超額薪酬。根據超額薪酬的性質，對於總經理的能力性超額薪酬，適宜的對策是強化薪酬的激勵功能；而針對董事長的權力性超額薪酬，適宜的政策應該是加強對董事長權力的監督與約束。

7.2 公司治理對權力性超額薪酬的約束效果

我國上市公司尤其是國有企業上市公司的董事長通過其權力獲取權力性超額薪酬，在相機制度安排上，應該加強公司治理機制約束董事長的權力。那麼，在現有公司治理機制安排下，制度的實施效率如何？是否能夠有效監督和約束董事長的權力？

7.2.1 理論分析與研究假設

有效監督和約束公司高級管理人員是上市公司治理機制的基本目標之一。按照 Bebchuk & Fried（2003）的觀點，薪酬契約要實現最優，需要具備獨立的董事會、完善的產品和經理人市場、健全的資本市場運行機制以及有效的股東訴訟途徑等條件。當最優薪酬契約實現的條件得不到滿足時，公司高管就可以俘獲董事會特別是薪酬委員會的成員，實現自定薪酬的能力，並會利用手中的權力獲得超額薪酬。陳震和丁忠明（2011）認為，當存在「強」董事會且董事會能夠維護股東利益時，薪酬契約表現為恰當的公司規模權重和規模薪酬。當董事會與高管勾結或存在強勢高管層時，薪酬契約表現為較大的規模權重和規模薪酬。李維安等（2010）從經理人市場和公司特徵角度研究經理人的上漲薪酬，認為構建約束經理人權力的、完備的公司治理機制在抑制經理人的上漲薪酬方面並未發揮有效作用。較多的文獻從公司治理機制和制度設計的角度研究高管超額薪酬產生的原因，發現董事會、監事會等公司治理機制失效或低效是超額薪酬得以產生的主要原因。如權小鋒等（2010）認為公司治理越弱則管理層權力越大，管理者更容易獲得超額薪酬。高管超額薪酬成為公司治理失敗的一種表現形式。吳世農和吳育輝（2010）研究上市公司高管股權激勵過程的自利行為，發現無論是國有企業還是民營企業均存在顯著的高管的自利行為，而且自利行為與公司財務狀況、行業和公司規模等公司特徵無關，並指出上市公司的治理結構有待於改善。

公司治理的實質其實是權力在企業內部的配置（鐘寧樺，2012）。只有公司治理結構差的企業才可能發生經理人的越權行為，當公司治理結構無法對管理層實施有效監督時，管理者的機會主義行為才可能變為現實。儘管公司高管有權力影響自身薪酬，但是其權力會受到股東、董事會、監事會等各種治理機制的約束，還可能會受到薪酬不合理引起的社會「公憤」的影響（Bebchuk &

Fried, 2005)。設置健全而有效的公司治理機制被認為是約束管理者權力的有效途徑,然而高管超額薪酬的出現似乎隱含著公司治理機制無效或弱勢有效。基於上述理論分析,本書提出以下競爭性的研究假設檢驗上市公司治理機制對約束董事長權力性超額薪酬的效果:

H7-1:上市公司治理機制對約束董事長權力性超額薪酬有效;

H7-2:上市公司治理機制對約束董事長權力性超額薪酬無效。

7.2.2 實證研究設計

與第 5 章高管權力與高管超額薪酬、第 6 章高管能力與高管超額薪酬的研究樣本相同,本章選擇多層線性分析法度量的超額薪酬,選擇存在權力性超額薪酬的上市公司樣本,即 789 家董事長超額薪酬樣本。本章實證分析上市公司治理機制對約束董事長權力性超額薪酬的效果,以檢驗現有公司治理機制是否發揮了約束功能,為本章后面權力性超額薪酬約束機制的構建提供經驗證據。

為了檢驗上市公司治理機制對權力性超額薪酬的約束效果,借鑑方軍雄(2012)研究高管超額薪酬與公司治理效果的研究方法,設計模型(I),檢驗研究假設 H7-1 和 H7-2 對約束權力性超額薪酬的效果。

$$Over\_pay = \alpha + \beta_1 \times Option + \beta_2 \times Boardsize + \beta_3 \times Indep + \beta_4 \times Supsize + \beta_5 \times Com + \beta_6 \times Size + \beta_7 \times Lev + \beta_8 \times Age + \beta_9 \times Growth + \beta_{10} \times Soe + \beta_{11} \times BH + \Sigma Industry + \Sigma Year + \varepsilon \quad (I)$$

模型(I)中的被解釋變量為董事長獲取的權力性超額薪酬 $Over\_pay$,解釋變量為公司治理的代理變量,即第一大股東持股比例 $Option$、董事會規模 $Boardsize$、獨立董事比例 $Indep$、監事會規模 $Supsize$、四委設立個數 $Committee$(即董事會下設戰略委員會、審計委員會、提名委員會以及薪酬與考核委員會的個數)[1]。模型(I)的控制變量與第 5 章、第 6 章的模型(I)相同。模型(I)中各變量的定義及說明見表 7-1。

表 7-1　　　　　　　　　變量定義及說明

變量名稱	變量符號	計算方法及說明
被解釋變量:超額薪酬	$Over\_pay$	董事長獲取的權力性超額薪酬

---

[1] 根據《公司法》《上市公司管理準則》、公司章程以及證監會的有關規定,上市公司一般在董事會下設戰略委員會、審計委員會、提名委員會、薪酬與考核委員會等專門委員會。董事會下設的專門議事機構越健全,說明上市公司運作越規範,公司治理效率越高。較多文獻研究選擇四委設置情況來表徵公司內部治理結構的健全程度,作為公司治理效率的衡量變量。

表7-1(續)

變量名稱	變量符號	計算方法及說明
解釋變量：第一大股東 董事會規模 獨立董事比例 監事會規模 四委數量	Option Boardsize Indep Supsize Committee	第一大股東持股比例 董事會人數的對數 獨立董事人數/董事會人數 監事會人數的對數 董事會下設的戰略、審計、提名與薪酬委員會的個數
控制變量：公司規模	Size	公司資產的自然對數
公司風險	Lev	負債/總資產
上市年齡	Age	公司上市年齡的對數
成長性	Growth	公司營業收入增長率
公司控股性質	Soe	國企控股為1，非國企控股為0
是否同時發行BH股	BH	同時發行B股或H股取值為1，否則為0

7.2.3 實證結果與分析

（1）描述性統計。

模型（I）中各變量的描述性統計見表7-2。在存在董事長權力性超額薪酬的樣本中，第一大股東持股比例為34.19%，董事會規模為2.15，獨立董事比例為37%，監事會規模為3.62，四委設立個數為3.9。

表7-2　　模型（I）中董事長樣本變量的描述性統計

變量	樣本量	均值	標準差	最小值	25%分位數	中值	75%分位數	最大值
Over_pay	789	0.29	0.28	0	0.1	0.22	0.39	2.13
Option	789	34.19	14.8	1.08	22.92	32.23	43.04	80.65
Boardsize	789	2.15	0.2	1.39	2.08	2.2	2.2	2.71
Indep	789	0.37	0.06	0.3	0.33	0.33	0.43	0.71
Supsize	789	3.62	1.06	2	3	3	5	9
Committee	789	3.9	0.36	1	4	4	4	4
Size	789	21.83	1.15	17.92	21.09	21.68	22.41	27.39
Lev	789	0.47	0.21	0.01	0.33	0.47	0.61	2.26
Age	789	9.51	5.78	2	4	9	15	21

表7-2(續)

變量	樣本量	均值	標準差	最小值	25%分位數	中值	75%分位數	最大值
Growth	789	0.21	0.98	−0.81	−0.01	0.12	0.25	20.11
Soe	789	0.4	0.49	0	0	0	1	1
BH	789	0.04	0.2	0	0	0	0	1

（2）相關性分析。

模型（1）中董事長權力性超額薪酬與公司治理中各主要變量的相關性分析見表7-3。在董事長樣本中，董事會規模、監事會規模與董事長超額薪酬顯著正相關，其他公司治理變量不顯著。除此之外，各變量的方差擴大因子均小於5，說明變量不存在多重共線性問題。

表7-3　　　　　　　各主要變量的相關性分析

Panel：董事長樣本						
	Over_pay	Option	Boardsize	Indep	Supsize	committee
Over_pay	1.000					
Option	0.054	1.000				
Boardsize	0.088**	−0.117***	1.000			
Indep	−0.035	0.051	−0.467***	1.000		
Supsize	0.084**	−0.13**	0.264***	−0.066*	1.000	
Committee	−0.034	−0.091**	0.076**	−0.006	0.007	1.000

註：***、**和*分別表示1%、5%和10%顯著性水平。

（3）多元迴歸分析。

為了呈現不同控制權性質下上市公司治理機制對權力性超額薪酬的治理差異，在迴歸中，本章與前面各章處理方法相同，仍然按照全樣本、國企樣本和非國企樣本分別進行檢驗，其迴歸結果見表7-4。

由表7-4的實證結果可知，在公司治理機制中，只有獨立董事比例對國企上市公司董事長的權力性超額薪酬具有10%的約束效果，其他公司治理機制對董事長的權力性超額薪酬約束無效。董事長的權力性超額薪酬與公司規模在1%水平上顯著正相關。上述實證結果表明，除了獨立董事治理約束之外，我國上市公司治理機制對董事長的權力性超額薪酬約束無效。研究假設7-1僅得到獨立董事治理的支持，其他公司治理機制均支持研究假設7-2。這一結果

表明，上市公司治理機制不能有效約束董事長的權力性超額薪酬。我國上市公司具有完善的治理結構，但是缺乏監督效率是董事長權力失控、董事長獲取權力性超額薪酬的主要原因。在我國上市公司尤其是國企上市公司中，董事長通過權力獲取權力性超額薪酬，其主要原因是國企上市公司內部治理機制缺乏治理效率。因此，約束董事長不合理的權力性超額薪酬需要改善公司治理機制的實施效果，加強對董事長權力的監督和約束。

表 7-4　　公司治理對權力性超額薪酬的約束效果檢驗

變量	董事長 $Over\_pay$		
	全樣本	國企	非國企
$Option$	0.000	-0.001	0.001
	(0.34)	(-0.45)	(0.62)
$Boardsize$	0.027	-0.092	0.104
	(0.42)	(-0.92)	(1.18)
$Indep$	-0.261	-0.554*	0.035
	(-1.26)	(-1.77)	(0.12)
$Supsize$	0.013	0.004	0.052***
	(1.17)	(0.25)	(2.76)
$committee$	-0.020	-0.023	-0.017
	(-0.70)	(-0.47)	(-0.49)
$Size$	0.055***	0.048***	0.061***
	(5.07)	(2.88)	(3.89)
Lev	-0.000	0.076	-0.036
	(-0.00)	(0.70)	(-0.53)
$Growth$	0.013	0.025	0.019
	(0.79)	(0.79)	(0.86)
BH	-0.003	-0.011	0.000
	(-0.84)	(-0.72)	(0.07)
截距項	-0.092*	-0.135*	-0.026
	(-1.67)	(-1.80)	(-0.30)
$Industry$	控制	控制	控制

表7-4(續)

變量	董事長 Over_ pay		
	全樣本	國企	非國企
Year	控制	控制	控制
R^2	0.080,9	0.120,6	0.071,3
F	3.78***	2.51***	2.39***
樣本量	789	319	470

註：①括號內數值為T統計量；②***、**和*分別表示1%、5%和10%顯著性水平；③董事長樣本各變量的VIF最大值為4.28，說明模型不存在多重共線性問題。

7.3 權力性超額薪酬的治理機制

上市公司高管若為董事長，則其獲取的超額薪酬主要受權力的影響，表現為董事長獲取權力性超額薪酬。董事長的超額薪酬不具有激勵功能，對改善公司業績無效，反而增加了公司的代理成本。可見，董事長的超額薪酬是不合理的高薪酬，應該通過治理機制約束董事長的權力。然而，當前上市公司治理機制不能有效抑制董事長的權力性超額薪酬。因此，建立健全公司治理機制，將董事長權力裝進「制度籠子」，加強對董事長權力性超額薪酬的監督和約束，是當前和今後一段時間內上市公司薪酬制度改革的重要方向。

7.3.1 權力性超額薪酬的治理原則

Fama & Jensen（1983）提出，當代理人被密切監督的時候，將較少發生機會主義行為。那麼，誰來充當監督者？Jensen & Meckling（1976）的研究中指出，最合適的監督者應該由那些在該領域具有相對信息優勢的專門機構和個人承擔。公司治理機制包括公司內部治理機制和外部治理機制。理論上存在五種抑制上市公司高管權力的約束機制，即競爭性的產品市場、經理人市場、組織內部的機構設置、高管薪酬制度和公司控制權市場。近年來，大股東的監督也被認為是約束高管權力的一種有效機制。公司內部通過機構設置形成的內部治理機制一般包括：第一大股東持股比例、董事會治理、獨立董事、監事會、薪酬委員會、審計委員會等。公司內部治理機制若不能發揮有效的治理效果，依然不能約束高管權力所引致的機會主義行為，給予高管超額薪酬激勵不僅不

能解決代理問題，反而引致更高的代理成本。陳德球等（2012）認為，公司治理機制的效率在很大程度上取決於公司的制度安排，而合理的制度安排是權力配置的結果。

公司治理越弱，公司高管獲得的報酬就越多。前文的實證分析發現，董事長超額薪酬是權力性超額薪酬，是董事長權力尋租的結果。由於董事長的權力性超額薪酬是不合理薪酬，在公司治理對策上應該強化對董事長權力的監督和約束。董事長權力性超額薪酬的存在本身就隱含著現有的公司治理機制缺乏效率，同時也說明我國上市公司尤其是國企上市公司確實存在一些高管依靠權力獲取不合理薪酬。對於上市公司高管權力的約束政策，一方面需要健全公司內外部治理機制，另一方面需要改善公司內外部治理機制的實施效果。

7.3.2 權力性超額薪酬的治理路徑

公司治理的主要目的是在維持公司所有參與主體的利益基本平衡或不失衡的前提下，追求股東利益最大化（張會麗和陸正飛，2012）。在委託代理關係中，良好的公司治理機制可以有效監督公司的營運效率，並激勵代理人為公司的整體利益努力工作（陳偉，2010）。健全的公司治理機制，能夠協調公司高管與股東之間的利益衝突，降低代理成本。

第一，股權結構治理。股權結構是指公司各投資主體所持公司股票的數量及其分佈結構。股權結構不僅對企業的行為與最終價值產生影響，也是影響高管薪酬契約合理性的重要因素。股權結構治理中被認為最有效的治理方式是大股東治理。第一大股東持股比例越高，在公司中的利益越大，其監督管理者的慾望和動機就越強。然而，我國的國有企業所有者缺位，導致管理層成為企業事實上的控制者。我國國有企業「內部人控制」現象在董事長獲取權力性超額薪酬激勵上也有充分的體現。董事長在國有企業內部具有較大的權威，在公司權力分配上擁有更大的權力，再加上我國國企高管的任命多為行政任命，國企高管擁有較高的行政級別，體現為董事長的超額薪酬不僅受到董事長權力的影響，還受到董事長的政府工作經歷以及行政級別的影響，導致國企上市公司中董事長的超額薪酬與權力顯著正相關，董事長的超額薪酬沒有激勵后果，對提高公司業績無效，甚至操縱應計項目以獲取盈余管理薪酬。因此，針對國有企業作為第一大股東，其持股比例並不能約束高管權力，有效的股權治理方式是混合所有者改革，出售部分國有股權，引入機構投資者或其他大股東形成競爭性股權結構。

第二，董事會治理。上市公司的董事會受股東委託行使對代理人的監督

權。董事會成員由股東選舉或任免，董事會代理股東行使監督權，監督管理者的行為，確保公司營運正常並使股東財富最大化。結構合理、運行有效的董事會應該能夠保護股東利益，避免公司高管的機會主義行為。遺憾的是，董事會並沒有有效地監督和控制高層管理者的機會主義行為。董事會成員的構成一般分為內部董事和外部董事。內部董事又稱為執行董事，一般由參與公司經營活動的高管團隊成員擔任，並負責為董事會收集公司日常經營活動相關的信息；外部董事又叫非執行董事，獨立董事屬於非執行董事，不參與公司日常經營活動，主要為公司提供獨立的顧問意見。根據我國公司治理要求，獨立董事負責公司高管的業績考核和薪酬設置。但是董事會治理效果頗受爭議。在提高董事會的治理效率問題上，比較一致的結論是提高董事會的獨立性。董事會的獨立性越強，就越有動力和能力對管理者進行監督和控制。在提高董事會獨立性的方式上，較多學者傾向於提高外部董事的比例，認為外部董事越多則董事會的獨立性越好，更有助於實施董事會的監督權；若董事會成員不在上市公司領取薪酬則獨立性越強，不領薪的董事比例越高則監督高管的效果就越好。另外，近年來還有學者提出對董事會成員實施股權激勵，即董事會成員持股比例越高則與股東利益更為一致，董事會成員為了自身的利益會傾向於加強對公司高管的監管。

第三，機構投資者持股治理。機構投資者作為專業的投資機構，具有專業優勢和信息優勢，有條件發揮外部監督功能。若機構投資者持有上市公司較高比例的股份，在自身利益的驅使下，能夠利用信息和專業優勢實施對管理層的有效監管。在外部監督機制中，不同層次的監管主體在效率與成本之間也存在一定差異。機構投資者是市場參與者中的重要一員，其監管成本遠遠小於行政監管和訴訟。與內部監督機制相比，除董事會外，機構投資者是成本最低收益最高的監管方式。

7.4 本章小結

本部分根據第 5 章高管權力與超額薪酬、第 6 章高管能力與超額薪酬之間關係的實證結論，提出應根據超額薪酬的性質設置相機的激勵約束政策；針對薪酬激勵和治理約束，借鑑已有文獻分析薪酬激勵和公司治理間的關係；由於權力性超額薪酬不具有激勵功能反而增加公司代理成本，因此，權力性超額薪酬是不合理的薪酬，應通過公司治理機制加以約束；為了瞭解當前的公司治理

機制是否能夠有效約束權力性超額薪酬，本章運用存在權力性超額薪酬的789家董事長樣本，分析公司治理機制對董事長權力性超額薪酬的約束效果，最后根據實證結果對董事長權力性超額薪酬提出相應的治理對策。本章的主要研究結論有以下四點：

第一，超額薪酬的激勵約束對策應該根據超額薪酬的性質是權力還是能力性相機而定。由於權力性超額薪酬呈現出「高權力→高薪酬→低業績」這一邏輯關係，表現出權力性超額薪酬不具有激勵功能，反而引致更高的代理成本。因此，權力性超額薪酬是不合理的薪酬，適宜的治理對策是通過制度設計約束高管權力，提高權力性超額薪酬的治理效率。

第二，高管薪酬激勵和公司治理約束兩種方式均可以降低代理成本。薪酬激勵和公司治理約束的選擇應該基於高管超額薪酬的性質是權力還是能力有所偏向。針對權力性超額薪酬應該強化治理功能，針對能力性超額薪酬應該加強薪酬的激勵功能。

第三，我國上市公司具有健全的公司治理結構，但是治理效率的缺失導致董事長能夠通過權力獲取權力性超額薪酬。通過公司治理與權力性超額薪酬的實證分析，發現上市公司尤其是國企上市公司的董事長，能夠通過權力獲取權力性超額薪酬的主要原因是董事長的權力未能得到有效監督，表現為公司治理機制中除了獨立董事對約束權力性超額薪酬有一定的效果之外，其他公司治理機制對約束權力性超額薪酬無效。

第四，治理董事長的權力性超額薪酬的主要途徑是提高公司治理效率。我國上市公司具有完善的公司治理結構，表現為董事會規模、監事會規模、獨立董事、第一大股東治理以及四委設置都比較健全。但是董事長依然可以通過其權力獲取權力性超額薪酬，其主要原因在於公司治理缺乏效率，不能對董事長的權力進行有效的監督和約束。

本書接下來分析高管能力與公司業績之間的關係，根據「高能力→高薪酬→高業績」這一邏輯關係，構建能力性超額薪酬的激勵機制。

8　能力性超額薪酬的激勵機制

上市公司高管超額薪酬是現實生活中的一種經濟現象。超額薪酬是激勵還是約束取決於超額薪酬的合理性。如果超額薪酬是高管高能力的回報，那麼超額薪酬激勵能夠促使高管為公司業績和股東財富努力工作。這種超額薪酬是合理的薪酬。對於能力型高管，公司應該通過薪酬契約，運用超額薪酬的激勵功能，激發高管的潛能，以創造股東財富。理想的激勵契約是根據高管的能力水平和高管的努力程度來設置的。高管對自己的能力水平和努力程度具有完全信息，而公司對高管的能力水平和努力程度存在信息非對稱性。這導致理想的激勵契約缺乏度量高管能力和努力程度的客觀標準。在現實經濟生活中，替代的處理方法是根據高管努力的結果——公司業績來評價高管的能力水平和努力程度；根據可觀測的公司業績指標考核高管業績。然而，由於市場環境、公司所處行業的競爭程度、地區經濟發達程度、公司經營週期等客觀因素的影響，公司業績是各方面因素的綜合結果。運用公司業績評價高管的能力水平和努力程度，進而確定高管薪酬，無法避免「運氣薪酬」。這導致理想的薪酬契約是公司激勵追求的目標。當無法做到最優時，在相對合理的狀態中尋找次優的薪酬激勵契約是現有公司的理性選擇。

高管薪酬的本質是對高管付出的努力和勞動成果進行合理補償。向上市公司高管支付超額薪酬的目的在於發揮薪酬的激勵功能，體現薪酬激勵的有效性。應設置以激勵高管高能力為目的的、合理有效的薪酬制度。其前提條件是超額薪酬的合理性，即確定高管獲得的超額薪酬是與其實際能力、付出努力和貢獻成正比的。通過本書第 5 章和第 6 章的實證研究，發現總經理的能力是總經理獲得超額薪酬的主要原因；總經理的能力性超額薪酬具有顯著的激勵功能，能夠激勵總經理努力工作、提高公司業績。總經理獲得的能力性超額薪酬具有顯著的激勵功能，可見這種能力性超額薪酬具有一定程度的合理性。

通過第 6 章的研究，發現總經理的能力顯著地影響超額薪酬，且總經理的超額薪酬具有激勵功能，體現出高薪酬→高能力和高薪酬→高業績之間的顯著

性關係。可具備高能力的上市公司高管是否一定會給公司帶來高業績,即高能力→高業績之間是否存在顯著性關係呢?因此,有必要進一步分析高管能力與公司業績之間的關係,尋找高管能力性超額薪酬合理存在的充分證據,為建立適宜的能力性超額薪酬的激勵制度奠定基礎。本章接下來的安排是,首先在第6章能力性超額薪酬的激勵效果分析的基礎上,進一步檢驗高能力與公司業績之間的關係。根據「高能力→高薪酬→高業績」這一邏輯關係,從發揮能力性超額薪酬的激勵功能的角度分析激勵高管發揮高能力的有效途徑。其次,根據「高能力→高薪酬→高業績」這一邏輯關係的檢驗結果,提出適宜的超額薪酬激勵制度安排。對於具備較高能力的上市公司高管,在公司制度設計中應該充分利用超額薪酬的激勵功能,允許存在能力性超額薪酬,發揮薪酬的激勵功能,探索從薪酬水平、薪酬結構等方面運用超額薪酬的激勵效果,激發能力性高管為提高公司業績、增加股東財富努力工作。

8.1 高管能力對公司業績的影響

通過第6章高管能力與高管超額薪酬之間關係的實證分析,發現總經理獲取的超額薪酬是其超常能力的合理回報,總經理的能力性超額薪酬具有激勵功能,有助於激勵總經理努力工作,提高公司業績,並增加股東財富。對於「能力—薪酬—業績」三者之間的關係,本書已經分析能力與薪酬、薪酬與業績之間的關係,但是能力與業績之間的邏輯關係又如何呢?若上市公司高管具備較高的能力並獲得了與能力匹配的薪酬,是否就意味著高能力就一定有高業績呢?因此,為了厘清「高能力→高業績→高薪酬」這一邏輯關係,在本章能力性超額薪酬的激勵對策中以總經理的能力性超額薪酬為研究樣本,分析高管能力對公司業績的影響,從「高能力→高業績→高薪酬」這一邏輯關係出發,分析激發高管高能力的激勵政策。

8.1.1 模型設計與變量

第6章的實證分析遵循一個基本假定,那就是總經理獲得了「高能力→高業績→能力性超額薪酬」。採用多層線性分析法度量高管超額薪酬,利用存在通過能力獲得能力性超額薪酬的861家總經理樣本,分析總經理的高能力是否能夠給公司帶來高業績,即具備高能力的總經理必定能提高公司業績嗎?為了對這一問題進行研究,本章構建如下模型(Ⅰ)檢驗總經理能力與公司業績間

的關係。

$$Perfor = \alpha + \beta_1 Social + \beta_2 Size + \beta_3 Lev + \beta_4 Age + \beta_5 Soe + \beta_6 BH + \beta_7 Growth + \Sigma Industry + \Sigma Year + \varepsilon \qquad (\text{I})$$

模型（I）中，被解釋變量為公司業績 $Perfor$，分別用總資產收益率 Roa（淨利潤/平均總資產）和淨資產報酬率 Roe（淨利潤/平均股東權益）表示；解釋變量為高管能力 $Social$，仍以總經理的外部社會關係表徵，變量定義及描述性統計分別見第 6 章的表 6-1 和 6-2；控制變量的設置與第 6 章的模型（I）和模型（II）相同。

8.1.2 迴歸分析

利用模型（I），檢驗高管能力與公司業績之間的關係，是否高能力一定會帶來高業績，或者獲得高薪酬的能力型高管對公司業績是否會帶來正向促進作用，即檢驗是否存在「高能力→高業績→高報酬」這一邏輯關係。模型（I）的迴歸結果見表 8-1。

表 8-1 的分析結果顯示，在國企樣本中，總經理能力 $Social$ 與兩個公司業績指標 Roa 和 Roe 都在 1% 水平上顯著正相關，而在全樣本和非國企樣本中，總經理能力與公司業績指標正相關但不顯著。這表明高能力的總經理確實為國企上市公司帶來了優良業績，國企上市公司總經理的高能力的確是其獲得能力性超額薪酬的主要影響因素，符合最優薪酬契約理論「高能力→高業績→高報酬」的理論預期。

表 8-1　　　　總經理能力與公司業績的關係檢驗

變量	全樣本		國企		非國企	
	Roa	Roe	Roa	Roe	Roa	Roe
$Social$	0.006	0.019	0.016***	0.030***	−0.007	0.005
	(1.05)	(1.21)	(3.09)	(2.09)	(−0.54)	(0.17)
$Size$	0.002	0.022***	−0.000	0.011*	0.005	0.034***
	(0.75)	(3.44)	(−0.03)	(1.78)	(1.01)	(2.71)
Lev	−0.058***	−0.016	−0.042***	−0.039**	−0.077***	0.004
	(−9.35)	(−1.03)	(−7.10)	(−2.50)	(−6.51)	(0.14)
Age	−0.004	−0.023*	−0.009	−0.000	0.007	−0.039*
	(−0.74)	(−1.80)	(−1.44)	(−0.03)	(0.82)	(−1.70)

表8-1(續)

變量	全樣本		國企		非國企	
	Roa	Roe	Roa	Roe	Roa	Roe
$Growth$	0.000	0.000	0.000	0.000	-0.000	-0.000
	(0.57)	(0.85)	(1.02)	(1.20)	(-0.25)	(-0.11)
BH	-0.015	0.107***	0.006	0.017	-0.056*	0.297***
	(-1.04)	(2.83)	(0.50)	(0.53)	(-1.66)	(3.45)
截距項	0.019	-0.334**	0.064	-0.169	-0.065	-0.511*
	(0.30)	(-2.09)	(0.97)	(-0.95)	(-0.55)	(-1.70)
$Industry$	控制	控制	控制	控制	控制	控制
$Year$	控制	控制	控制	控制	控制	控制
Ad. R^2	0.134	0.057	0.173	0.088	0.151	0.094
F	6.16***	2.41***	4.14***	1.91***	3.25***	1.89**
樣本量	861	861	476	476	385	385

註：①括號內數值為 T 統計量；② ***、** 和 * 分別表示 1%、5%和 10%顯著性水平。

8.2 能力性超額薪酬的激勵原則

　　高管薪酬激勵的研究由來已久，然而建立公平、合理、有效的薪酬激勵制度依然是公司治理的主要問題之一。高管薪酬反應了組織對高管才能的認可程度。總經理作為能力性高管，其薪酬水平遵循「高能力→高業績→高報酬」這一邏輯關係，但能力性高管與公司所有者之間的代理問題依然存在。根據契約理論，高管的薪酬契約是不完全契約。在信息不對稱情況下，若沒有適宜的制度安排，自利性動機強的高管仍然可能發生機會主義行為。在高管薪酬上，表現為高管通過權力獲取權力性超額薪酬，實施有損公司和股東利益的行為。現代企業是人力資本與非人力資本的合約，能力型高管的稀缺性人力資源是公司重要的生產要素。能力型高管除了獲取合理人力資本薪酬之外，還應該以生產要素的身分與物質資本一樣共擔風險共享收益。因此，針對能力型高管，在公司制度設計中，通過設置合理的薪酬水平和薪酬結構發揮薪酬的激勵功能；公司治理機制建設應以促進能力型高管稀缺性才能發揮為前提，實施必要的約

束機制，防止可能發生的機會主義行為。

激勵問題一直是企業發展的主題和難題。對於能力性高管，首先需要客觀評價高管的能力和高管的努力程度。鑒於高管能力和努力程度的不可觀察性，採用能力的顯性指標——高管個體特質變量進行評估，並利用公司特徵因素評價高管的努力程度，基於業績和能力的客觀評價，確定能力性高管的合理薪酬。由於能力型高管的稀缺性才能能夠提升公司業績，因此基於高能力、高報酬並產生高業績這一邏輯關係，建立超額業績評價指標體系，構建適宜的能力性超額薪酬激勵制度。在能力性超額薪酬制度設計上兼顧超額薪酬的設計原則，以公司長期發展和提升競爭力為前提，讓能力性高管與股東以及其他利益相關者共享收益共擔風險。

根據 Ross（1973）提出的最優契約標準，對於能力型高管應基於最優契約的要求設置薪酬契約。能力型高管的薪酬契約設置應該兼顧以下條件：股東與高管共同承擔公司經營與發展的風險，減少信息不對稱程度防止高管的機會主義行為；在薪酬水平合理基礎上，依據未來不確定因素和可能存在的風險調整報酬結構。總經理超額薪酬的性質是能力性超額薪酬，是總經理高能力高業績的補償。因此公司適宜的制度安排應該強調薪酬的激勵功能。評價總經理的能力和公司業績時，考慮行業競爭程度、宏觀環境等因素的影響，確定合理的薪酬水平；從代理問題出發，以降低代理成本為目的，建立適宜的薪酬結構，協調股東與總經理的利益，實施風險共擔機制；堅持長期激勵和短期激勵相結合的原則，利用超額薪酬的激勵功能，促使能力型高管努力工作，提高公司業績，實現公司的長期發展。

8.3　能力性超額薪酬的激勵機制

上市公司高管擔任的職務與超額薪酬的性質、超額薪酬的經濟后果以及公司治理機制的約束效果存在顯著差異。上市公司高管若擔任總經理，則其獲取的超額薪酬主要受能力的影響。高能力的總經理在超額薪酬的激勵下能夠進一步努力工作，提升公司價值，高能力高業績下的超額薪酬是合理薪酬，是總經理高能力的合理回報，超額薪酬的性質是能力性超額薪酬。總經理獲取能力性超額薪酬，其形成動因是能力，其經濟后果是提高公司業績，增加股東財富。高管的薪酬水平和薪酬結構影響高管行為，高管行為的結果直接影響公司績效。因此，公司治理對策是對總經理能力性超額薪酬予以合理化，通過設置合

理的薪酬水平和薪酬結構加強對高管能力的激勵。

第一，設計合理的薪酬激勵計劃。高管薪酬激勵計劃一般是指高管薪酬結構以及各部分的比例關係。薪酬激勵計劃包括薪酬激勵計劃的制定者和薪酬激勵計劃的內容兩個部分。在我國上市公司中，高管的薪酬激勵計劃一般由公司董事會與薪酬委員會制定，經董事會批准后予以實施；薪酬激勵的主要內容包括薪酬水平、薪酬結構、薪酬支付方式、薪酬確定標準等。對於薪酬激勵計劃的制定者，應該加強董事會與薪酬委員會的獨立性，使其能夠客觀、公正、合理地評價高管業績並根據高管的業績情況設置薪酬激勵計劃。針對薪酬激勵計劃本身，應該兼顧公司所處的客觀經濟環境、公司特徵以及高管個體特質。設置高管薪酬內容時，從高管個體層面、公司層面和組織環境層面，利用第 4 章的研究結論，選擇高管學歷、高管職業經歷、高管年齡、高管任期、高管社會關係、公司規模、公司業績、公司成長性、公司國際化程度、公司所處地區經濟發達程度、地區 GDP、地區人均工資水平等對高管薪酬具有顯著影響的各個因素，結合競爭性的經理人市場，既保證薪酬水平合理，又要採用恰當的薪酬結構兼顧股東利益，協調高管利益與股東利益，激勵高管為了提高公司業績和維持公司長期發展而努力工作。

第二，設置合理的高管能力薪酬水平。根據能力、業績與薪酬之間的邏輯關係，基於高管的能力和努力程度設置高管的能力薪酬水平。薪酬水平體現組織之間的薪酬競爭關係，是組織相對於競爭對手的薪酬水平的高低。上市公司高管的才能是企業稀缺性資源，尤其是高能力型高管，其具備的能力在企業中具有倍增效應。那麼，這部分能力型高管在競爭性的經理人市場上，具備相對於其他經理人較高的效率和公司價值創造能力。因此，上市公司支付薪酬水平的高低，會影響到經理人市場上該公司招聘或留住能力型高管薪酬競爭力的強弱，即上市公司需要考慮薪酬的外部競爭性。只有能力型高管的薪酬水平與市場平均水平相當或略高於市場平均水平，才能保證公司所支付的薪酬水平具有競爭性。只有提供競爭性的薪酬才能吸引、保留和激勵能力型高級管理人才。同時，合理的高管能力薪酬水平有助於防止能力型高管的機會主義行為，同時降低企業的監督成本。針對能力型高管進行超額薪酬激勵，有助於改變高管的風險態度和偏好。薪酬水平影響高管的行為，高管行為直接影響公司業績。當高管薪酬水平較高時，能力型高管願意承擔公司風險，傾向於對企業進行創新投入，提高公司的發展潛力。

第三，設置合理的薪酬結構。薪酬結構一般包括工資、獎金、限制性股票、股票期權等多種形式。理性的公司高管薪酬能對高管的能力和努力程度合

理定價，其中高管薪酬較小的部分為固定薪酬，較大的薪酬部分是依據業績變化而變動的浮動薪酬，更高的薪酬來自於更好的業績表現，並能夠帶來未來公司業績的提升。Holmstrom（1979）通過模型證明，最優薪酬契約由固定工資、業績獎金與股權激勵三部分構成。其中，固定工資又稱基本薪酬，由高管個體特質、公司特徵和組織環境等多種因素共同決定。一般根據高管業績考核情況確定業績獎金水平，業績獎金屬於短期激勵方式。這種短期激勵方式容易引起高管的機會主義行為，如放棄研發支出和好的投資機會，研發費用雖然會降低當期的會計利潤，但研發費用與好的投資均有利於提高公司的長期業績。股權激勵屬於長期激勵方式，長期激勵方式有助於抑制高管的盈余管理行為與機會主義行為。股權激勵方式還有助於高管與股東之間建立共享機制，即共享收益並共擔風險。股權激勵方式能夠激勵高管從股東利益角度分析並制定經營決策，消除短期行為，實施有利於公司長期發展的行為。因此，高管薪酬激勵契約中，應該在高管能力性水平一定的情況上，合理確定各種薪酬方式所占的比例並設置合理薪酬結構，固定薪酬保證高管的參與約束，業績薪酬體現高管的經營業績，股權激勵實現股東與高管的利益風險共擔機制並激勵高管提升公司價值。根據「高能力→高薪酬→高業績」這一邏輯關係，高管薪酬結構的具體方式、比例、考核標準等需要兼顧高管薪酬與公司業績之間的關聯度，並向股東和社會公眾進行披露，既加強對能力型高管的有效激勵，又加強對其薪酬水平和薪酬結構的有效監督。

　　第四，提高高管控制權薪酬的比例。在我國上市公司尤其是國企上市公司中，股權激勵明顯不足。從高管的持股比例可以看出，我國上市公司總經理持股比例均值為2%，其中國企樣本中總經理持股比例均值為0，持股比例最高值為4.5%。這說明我國上市公司高管股權激勵不足，沒能發揮股權激勵的優勢。大量的實證研究表明：在信息不對稱情況下，高管股權激勵有助於保持公司高管行為與股東利益的一致（Jensen and Meckling，1976）。股權激勵有利於篩選有才能的高管，使管理者的才能和報酬掛勾，防止公司在不瞭解管理者才能的情況下給予管理者過高的報酬。股權激勵有助於解決高管的視野短期化問題（Murphy & Zimmerman，1993）。

　　第五，加強個人績效考核、完善績效考核制度。建立有效的薪酬激勵制度的前提條件是，設置公平、合理、有效的高管薪酬契約。高管薪酬契約的有效性依賴於對高管業績的客觀評價和考核。高管業績評價和業績考核，需要選擇合理的標準。業績指標的選擇既要兼顧財務業績指標，也要兼顧市場業績指標；考核方法，既包括財務業績方法，還需要借鑑發達國家公司高管業績考核

方法，如運用平衡積分卡，綜合財務指標、利益相關者指標，從企業內部業務流程與價值創造、公司創新與公司成長性等方面對高管個人業績進行考核。為了提高業績考核的客觀性和獨立性，公司董事會及薪酬委員作為考核主體，則需要提高考核主體的獨立性，薪酬委員會的構成可以考慮由外部董事或獨立董事擔任。由獨立董事或外部董事擔任薪酬考核委員會，在我國上市公司中得到普遍運用。然而，由於獨立董事和外部董事均受公司董事會聘任，薪酬委員會的獨立性一直頗受爭議。如何客觀、公正地評價高管業績，建立健全、規範的高管業績考核指標體系，由獨立的第三方，如專門設立的考核機構或者證監會等每年定期對高管進行業績評價，將評價結果及時向社會公眾披露。在對高管業績進行客觀、公正、公平、合理衡量的基礎上，為高管薪酬激勵制度的構建奠定基礎。

第六，加強高管聲譽激勵功能。高管聲譽激勵不屬於經濟激勵的範疇，也不是高管薪酬的範圍，但是聲譽能夠給高管帶來間接或長期的經濟利益。聲譽影響高管的人力資本價值，對高管現有薪酬水平或者未來的職業生涯都具有一定的影響。擁有較好聲譽的公司高管，不僅能夠在競爭性的經理人市場獲得競爭性薪酬和更多工作機會，而且影響其社會兼職數量和兼職類型。通過第 6 章高管能力與高管超額薪酬的實證研究，高管具有良好社會關係或社會兼職，意味著高管才能具有競爭性需求市場，導致這類高管可以通過能力獲取超額薪酬。因此，高管社會關係或社會兼職本質上是高管良好聲譽的反應，也是人力資源價值升值的體現。在競爭性經理人市場，高管行為與其聲譽相連，在信息公開傳遞以及信息披露制度環境下，高管行為、高管聲譽與高管薪酬密切相關。高管為了維護自身形象以及良好的聲譽，必然會形成無形的行為約束力。尤其是能力型高管，更加注重自身聲譽的維護。高管的聲譽機制對高管既形成激勵作用，還對高管行為產生較強的約束作用。因此，在高管激勵制度建設中應該積極利用高管聲譽機制，加強聲譽機制的激勵功能。

8.4 本章小結

本章在第 6 章能力性超額薪酬的激勵效果分析的基礎上，進一步檢驗高能力與公司業績之間的關係，根據「高能力→高薪酬→高業績」這一邏輯關係，從發揮能力性超額薪酬的激勵功能的角度分析激發高能力的有效途徑。本章的研究結論主要有：

第一，總經理能力與公司業績顯著正相關。這一結論得到國企樣本的支持，而在全樣本和非國企樣本中未獲得支持。這表明我國上市公司聘任高能力的總經理顯著提升了公司業績。因而，國企上市公司依據總經理能力向其支付的能力性超額薪酬具有合理性，符合最優薪酬契約理論「高能力→高業績→高報酬」這一理論預期。

第二，總經理的能力性超額薪酬是合理薪酬，適宜的制度安排能強化超額薪酬的激勵功能。總經理通過能力獲取超額薪酬，對總經理進行超額薪酬激勵，能夠提升公司業績增加股東財富。因此，針對總經理的超額薪酬在公司內部制度設計上應該強調薪酬的激勵功能。

第三，總經理的薪酬契約設置，應該充分考慮總經理的能力薪酬水平並兼顧合理的薪酬結構。由於能力型高管的才能具有競爭性的外部市場，因此為了吸引和留住人才，對其薪酬契約設計既要考慮能力薪酬水平，也要考慮薪酬結構，採用短期和長期相結合的激勵手段，既能降低代理成本，又能實現薪酬的激勵功能。

第四，能力性超額薪酬激勵政策中應該重視聲譽機制的力量。高管聲譽激勵不屬於經濟激勵的範疇，不屬於薪酬激勵的範圍，但是聲譽機制能夠給高管帶來間接或長期的經濟利益。聲譽不僅影響高管的人力資本價值，還對高管現有的薪酬水平以及未來的職業生涯產生影響。因此，能力性超額薪酬的激勵政策中應該兼顧聲譽機制的激勵功能。

9 研究結論與研究展望

《金融時報》曾就「企業領導者是否薪酬太高」這一話題進行調研，調查對象普遍讚同這種說法。美國華盛頓郵報網站 2015 年 3 月 13 日發表題為《在世界範圍內老板和員工之間的收入差距正在擴大》的文章，文章指出目前世界上薪酬差距最大的國家是中國，公司高管與員工的收入差距是 12.7 倍。高管超額薪酬問題在世界普遍存在，在我國上市公司尤其是國企上市公司中顯得尤為突出。

現代企業是人力資本與非人力資本的凝結，高管的才能是企業的稀缺性資源。人力資本是企業財富的創造者，尤其是具有較高能力水平的企業高級管理人才，其才能對企業財富的創造具有倍增效應。針對企業高管，從其能力的視角研究高管人力資本價值並針對其價值設置合理薪酬契約，有助於激勵高管為最大化股東利益而努力工作。與已有研究不同的是，本書借助人力資本理論、契約理論、信息不對稱理論和組織戰略理論等，從高管能力的角度研究高管的期望薪酬和超額薪酬，分析超額薪酬的性質，實證檢驗高管權力、高管能力與高管超額薪酬之間的關係以及高管超額薪酬的經濟后果和激勵效果，進一步剖析發現董事長的超額薪酬符合「高權力→高薪酬→低業績」這一邏輯關係，總經理的超額薪酬符合「高能力→高薪酬→高業績」這一邏輯關係。針對董事長的權力性超額薪酬符合管理者權力理論觀，針對總經理的能力性超額薪酬符合最優薪酬契約理論觀，這一研究成果為高管超額薪酬的理論解釋提供了來自於中國上市公司的經驗證據。

9.1 研究結論

代理問題普遍存在於現代公司制企業，高管薪酬是公司治理的一部分，是解決代理問題的有效方式之一。根據 Rosen（1982）的觀點，有能力的高管具

有較高的工作效率；在競爭性的經理人市場上，這部分高管獲得相比於市場平均水平更高的薪酬，占據大公司中的最高職位。同時，他還分析了高管能力與公司規模之間的關係，指出高能力的高管能夠使公司規模產生倍增效應和擴散效應。這一論點充分說明能力型高管對公司的重要作用。

借鑑以往研究文獻，本書將上市公司總經理和董事長同時界定為公司高管，用高管的年度貨幣性薪酬度量高管薪酬，從高管權力、高管能力的角度研究超額薪酬的影響因素。首先，從高管個體層面分析高管薪酬的個人特徵因素並度量高管的人力資本薪酬，將實際薪酬超過高管人力資本薪酬的余額作為高管人力資本溢價；其次，從公司特徵和環境異質性角度尋找合理的變量解釋人力資本溢價並度量高管的組織環境薪酬，將人力資本溢價扣除高管的組織環境薪酬后的額外部分確定為高管超額薪酬；最后從高管權力和高管能力兩個視角分析高管超額薪酬產生的原因。同時，對權力性超額薪酬和能力性超額薪酬的經濟后果進行分析，剖析超額薪酬的合理性，為公司高管超額薪酬的激勵約束制度安排提供經驗證據。

研究樣本取自於 CSMAR 數據庫中上市公司基本信息、公司治理、財務報表、人物特徵、財務分析等研究數據。對於人物特徵中的關鍵變量，比如學歷和職稱部分缺失數據採用手工方式從百度、搜狐等搜索網站以「公司代碼+人名」予以復核和補足。研究區間為 2008—2013 年。對於深滬兩市 A 股上市公司樣本，剔除金融類上市公司和創業板上市公司；針對高管人物特質樣本，剔除在上市公司只領取津貼或不領薪酬的高管樣本，同時還剔除高管薪酬、高管任期、高管學歷、高管職稱、高管年齡等指標的數據缺失樣本，共得到 1,511 家上市公司 5,298 個總經理樣本和 1,344 家上市公司 4,657 個董事長樣本。利用多層線性分析法（HLM）科學度量人力資本薪酬后，得到人力資本溢價的總經理樣本為 3,078 個，董事長樣本為 2,757 個，分別占總經理和董事長總樣本的比例為 58.1% 和 59.2%。以這部分人力資本溢價樣本為基礎，進一步從組織層面和環境層面分析影響高管薪酬的公司特徵和環境異質性因素，並度量高管的組織環境薪酬。將高管實際薪酬分別從個體特質、公司特徵和環境異質性層面尋找合理因素解釋后的正余額定義為超額薪酬，最終得到存在超額薪酬的 861 個總經理樣本和 789 個董事長樣本。採用多層線性分析法度量的高管超額薪酬中，總經理樣本中僅有 16.25% 的總經理存在超額薪酬，董事長樣本中僅有 16.94% 的董事長存在超額薪酬，這充分說明採用多層線性分析法度量高管超額薪酬在運用合理變量解釋高管薪酬時，合理因素考慮得更加全面，高管薪酬中能夠合理解釋的部分剔除得更加乾淨、更加徹底，使得最終存在超額薪酬

的高管樣本僅出現在全樣本的83%分位點以上，超額薪酬樣本分佈更加合理。

同時，本書還對5,298個總經理總樣本和4,657個董事長總樣本，採用Core Model重新度量總經理和董事長的超額薪酬，得到存在超額薪酬的1,703個總經理樣本和1,629個董事長樣本，並對兩種方法度量的超額薪酬進行接近度測試。從超額薪酬樣本占全樣本比例以及樣本分佈上看，用Core Model度量的超額薪酬樣本覆蓋了多層線性分析法，多層線性分析法度量的總經理和董事長超額薪酬樣本占Core Model度量高管超額薪酬有效樣本的比例分別為總經理50.6%，董事長是48.4%。這充分說明多層線性分析法度量的高管超額薪酬在樣本上比Core Model剔除更乾淨，Core Model度量的高管超額薪酬還可以進一步從高管特質、公司特徵以及環境特徵因素進一步分解。在高管權力與高管超額薪酬、高管能力與高管超額薪酬關係的實證研究中，本書採用Core Model度量的超額薪酬與高管權力、高管能力的關係進行了穩健性檢驗。

本書的研究結論主要有：

第一，高管超額薪酬的度量應該從高管個體特質、公司特徵和環境異質性三個維度分析高管薪酬的影響因素，並採用合理的方法度量高管超額薪酬。公司高管與公司及其所處的組織環境的有效匹配不僅影響高管能力的發揮程度和發揮效果，還影響高管薪酬設置、公司業績以及公司的長期發展。本書研究發現，公司高管薪酬受到高管個人特質、公司特徵和環境異質性因素的影響。其中，表徵高管個人特質的影響因素有高管學歷、職稱、任期、社會關係和政府背景等；表徵公司特徵的影響因素有公司業績、公司規模、成長性、公司風險、國際化程度、上市年齡和營運水平等；而影響高管薪酬的環境因素主要包括公司所處地區的法制環境、市場化進程、地區GDP增長率和地區人均工資增長率等。

第二，高管薪酬是一個跨層次問題。採用多層線性分析法逐層運用合理變量分解高管實際薪酬，能夠避免跨層數據結構在同一層面分析所帶來的層次謬誤問題。一方面，相對傳統線性迴歸分析，利用多層線性分析法可提高高管薪酬因素的解釋程度。本書採用多層線性分析法度量高管的期望薪酬，其中，組織環境因素對總經理人力資本溢價的解釋程度為4.5%，個人層面影響因素的解釋程度為47.43%，公司層面影響因素的解釋程度為7.7%，三者合計達59.63%，高於將總經理個人特質、公司特徵和環境異質性因素放在同一多元線性迴歸模型的解釋程度55.57%；組織環境因素對董事長人力資本溢價的解釋程度為2.7%，個體層面的解釋程度為39.83%，公司層面的解釋程度為6%，三者合計為48.53%，也高於將董事長個人特質、公司特徵與環境異質性

置於同一多元線性迴歸模型的解釋水平43.58%。可見，採用多層線性分析法對高管薪酬薪酬水平進行分層分析是適宜的，能夠提高高管薪酬客觀因素的解釋程度（見第4章）。另一方面，相對Core Model，採用多層線性分析法對高管薪酬合理因素剔除得更乾淨、更徹底，測度的高管超額薪酬更穩健、更合理。本書採用多層線性分析法度量高管超額薪酬，在總經理和董事長樣本中分別有861家公司（占總經理樣本的16.3%）和789家公司（占董事長樣本的16.9%）存在超額薪酬；而採用Core Model度量高管超額薪酬則分別有1,703家公司（占總經理樣本的32.14%）和1,629家公司（占董事長樣本的34.98%）存在超額薪酬。另外，從超額薪酬的統計特徵看，多層線性分析法度量的超額薪酬在均值、中值、25分位數、75分位數以及最大值上均小於Core Model。這充分表明，採用多層線性分析法度量的高管超額薪酬比Core Model更穩健、更合理（見第4章）。

第三，董事長憑藉高權力獲得超額薪酬，即董事長超額薪酬的性質表現為權力性超額薪酬，而董事長的權力性超額薪酬並沒有發揮應有的激勵效果，非但未能改善公司業績，反而增加了公司的代理成本。本書第5章利用公司高管在公司內部交叉任職和在股東單位任職表徵高管權力（穩健性檢驗中分別用高管政治關聯和高管兩職合一表示），實證檢驗了高管權力對高管超額薪酬的影響。結果發現：不論是全樣本、國企樣本還是非國企樣本，總經理權力對總經理超額薪酬沒有顯著影響。而董事長權力與董事長超額薪酬呈顯著正相關關係，這一結論在全樣本和國企樣本中成立，而非國企樣本則不成立。這表明總經理的超額薪酬並不是來源於其權力，而上市公司尤其是國企上市公司的董事長卻憑藉其權力獲得了權力性超額薪酬。進一步研究顯示，董事長權力性超額薪酬對公司業績沒有顯著影響，而對公司代理成本有顯著正向影響。這說明董事長獲得的權力性超額薪酬非但未能改善公司績效，反而增加了公司代理成本。董事長的權力性超額薪酬表現為「高權力→高薪酬→低業績」這一權力理論邏輯關係，為管理者權力理論觀提供了有力的經驗證據。可以認為，董事長獲得的權力性超額薪酬是一種不合理的高薪酬，應當設計合適的制度加以監管和約束。

第四，總經理依靠高能力獲得超額薪酬，即總經理超額薪酬的性質表現為能力性超額薪酬，而且總經理的能力性超額薪酬發揮了明顯的激勵效果，顯著提高了公司業績。本書第6章利用公司高管的社會關係表徵高管能力（穩健性檢驗中用公司創新能力表示），實證檢驗了高管能力對高管超額薪酬的影響，結果發現：總經理能力對總經理超額薪酬有顯著影響，這一結論在全樣本和國

企樣本中成立，而在非國企樣本中沒有獲得支持。這表明上市公司尤其是國企上市公司總經理憑藉其高能力獲得了超額薪酬，總經理超額薪酬的性質是能力性超額薪酬。然而，董事長能力對董事長超額薪酬沒有顯著影響。不論是全樣本、國企樣本還是非國企樣本，這一研究結論均成立。這充分說明上市公司董事長獲得的超額薪酬並不是依據其能力獲得的，而更多地受其權力的影響。進一步研究發現（第 8 章能力與業績關係檢驗），在全樣本和國企樣本中，總經理能力、總經理超額薪酬與公司業績顯著正相關。這一方面說明高能力的總經理能夠顯著提高公司業績，符合最優薪酬契約理論「高能力→高業績→高薪酬」的理論邏輯；另一方面說明上市公司尤其是國企上市公司總經理獲得的能力性超額薪酬發揮了應有的激勵功能，為公司帶來了優良業績。因此，對總經理的能力性超額薪酬不僅不應限薪，反而應當適度激勵，從而充分激發他們的創新潛能，提升公司價值和股東財富。

第五，存在權力性超額薪酬的董事長樣本公司中，公司治理機制不能有效約束董事長憑藉權力獲取權力性超額薪酬。本書的第 7 章運用存在超額薪酬的董事長樣本公司，實證檢驗公司治理機制對權力性超額薪酬的約束效果，結果發現：上市公司尤其是國企上市公司具有健全的公司治理結構，但是缺乏治理效率導致董事長權力未受到足夠的監管約束，使董事長能夠憑藉權力獲取權力性超額薪酬。因此，治理董事長權力性超額薪酬問題最有效的途徑是加強公司治理效率，對董事長的權力加強監督和約束，將董事長的權力裝在「制度的籠子」裡。

9.2 研究不足

由於研究視角、研究方法和研究內容的獨特性，作為一種探索性研究，本書存在的研究不足主要表現在高管能力和高管權力的替代指標選取方面。

第一，採用多層線性分析法度量高管超額薪酬時，本書選取高管年齡、學歷、任期、社會關係和高管職稱表徵高管能力，忽略了高管的跨國工作經歷、職業背景等因素。利用多層線性分析法，根據高管的個體特質因素評價高管的能力水平並度量高管的人力資本薪酬，進而測度高管的超額薪酬，是本書的主要貢獻之一。反應高管個體特質的變量較多，用以評價高管能力水平的因素也較多，本書僅選取高管年齡、學歷、任期、社會關係和高管職稱來衡量高管能力，沒有考慮高管的跨國工作經歷、職業背景和性別等因素。在公司層面變量

選擇中，公司業績是衡量高管努力程度的主要指標，而公司業績指標有會計業績和市場業績之分，本書選擇營業利潤率和投資回報率兩個業績指標評價公司高管的努力程度，也許存在變量選擇的允當性問題。

第二，在檢驗高管能力對高管超額薪酬的影響時，本書選用高管的社會關係表徵高管能力，作為一種全新的探索，缺乏文獻支持。

第三，在檢驗高管權力對高管超額薪酬的影響中，本書選取高管在公司內部平行交叉任職或在股東單位任職、政府工作背景、董事長和總經理兩職合一作為高管權力的代理變量。其中，以董事長和總經理兩職兼任作為高管權力的表徵指標得到諸多文獻的支持，而用高管在公司內部平行交叉任職或是在股東單位任職、政府工作背景表徵高管權力，卻缺乏文獻支持。

此外，高管薪酬度量方式可能也不夠多樣。現實中，公司高管的薪酬形式除了貨幣薪酬之外，還有股票期權、實物補償等職務消費方式。為了研究方便，本書借鑑現有文獻僅選擇貨幣性薪酬表徵高管薪酬，存在計量不全面問題，研究結論難免存在偏誤。

9.3 研究展望

上市公司高管超額薪酬的影響因素頗多。公司治理機制缺乏治理效率，公司的行業是否壟斷，公司所處的地區是否發達，公司是否海外上市等都可能是上市公司高管超額薪酬的影響因素。本書研究中，僅考慮了高管權力、高管能力對高管超額薪酬的影響，有待於從更廣的視角研究上市公司高管超額薪酬，有助於從更深層次上剖析高管超額薪酬產生的原因，並提出相應的政策措施。本書的研究結論認為，高管權力、高管能力與高管超額薪酬之間的關係以及高管超額薪酬與高管任職之間的關係，僅在國有企業樣本中呈現顯著性，而在非國有企業樣本不存在這種顯著性關係。非國有企業上市公司高管超額薪酬的影響因素有待於進一步地研究。國有企業上市公司高管超額薪酬與高管任職之間的關係，還有待於從我國國有企業改革的制度變遷、權力結構安排、高管的行政特色、高管的政治關聯等方面深入挖掘。剖析董事長超額薪酬與總經理超額薪酬存在差異的原因，有助於為我國新常態下的國有企業混合所有制改革、國有企業高管的限薪令等政策安排提供建議。

在總經理和董事長實際薪酬補償個人特質后，薪酬出現負數的樣本分別為2,220個和1,900個，占比分別為41.9%和40.8%，這部分樣本表明高管薪酬

激勵不足,即實際薪酬不能補充高管的人力資本價值或不能體現高管的能力水平。當理性的公司高管的薪酬水平不能補償其人力資本價值,不能正確反應其能力水平時,這部分高管是否會努力工作?對公司業績的影響如何?高管是否存在替代性的薪酬選擇行為……這些問題有待於進一步地研究。

在時間充裕的條件下,針對總經理和董事長個人特質的數據缺失值進行網路查詢,擴充全樣本和高管超額薪酬的研究樣本,基於更大的樣本對本書的研究結論進行分析,有助於增強研究結論的公正性和說服力。

參考文獻

[1] Adams J. S. Towards an Understanding of Inequity [J]. Journal of Abnormal and social Psychology, 1963, 67 (5): 422-436.

[2] Adler P. S., S. W. Kwon. Social Capital: Prospects for a New Concept [J]. Academy of Management Review, 2002, 27 (1): 17-40.

[3] Agarwal N. C. Determinants of Executive Compensation [J]. Industrial Relations, 1981, 20 (1): 36-45.

[4] Akerlof G. A. Market for 「Lemons」: Quality Uncertainty and the Market Mechanism [J]. Quarterly Journal of Economics, 1970, 84 (3): 488-500.

[5] Akerlof G. A., J. L. Yellen. The Fair Wage-effort Hypothesis and Unemployment [J]. Quarterly Journal of Economics, 1990, 105 (2): 255-283.

[6] Alchian A. A., Demsetz H. Production, Information, Costs, and Economic Organization [J]. American Economics Review, 1972, 62 (5): 777-795.

[7] Amit R., Schoemaker P. J. H. Strategic Assets and Organizational Rent [J]. Strategic Management Journal, 1993, 14 (1): 33-46.

[8] Ang S., L. V. Dyne, T. M. Begley. The Employment Relationships of Foreign Workers versus Local Employees: A Field Study of Organizational Justice, Job Satisfaction, Performance and OCB [J]. Journal of Organizational Behavior, 2003, 24 (55pecial): 561-583.

[9] Arrow K. J. The Economic Implications of Learning by Doing [J]. Review of Economic Studies, 1962, 29 (80): 155-173.

[10] Baker G., B. Holmstrom. Internal Labor Markets: Too Many Theories, Too Few Facts [J]. American Economic Review, 1995, 85 (2): 255-259.

[11] Baker M., P. A. Gompers. The Determinants of Board Structure at the Initial Public Offering [J]. Journal of Law and Economics, 2003, 46 (2): 569-598

[12] Barney J. Firm Resources and Sustained Competitive Advantage [J].

Journal of Management, 1991, (17): 99-120.

[13] Beatty R. P., E. J. Zajac. Managerial Incentives, Monitoring, and Risk Bearing: A Study of Executive Compensation, Ownership and Board Structure in Initial Public Offerings [J]. Administrative Science Quarterly, 1994, 39 (2): 313-335.

[14] Bebchuk L. A., J. M. Fried, D. I. Walker. Managerial Power and Rent Extraction in the Design of Executive Compensation [J]. University of Chicago Law Review, 2002, 69 (3): 751-846.

[15] Bebchuk L. A. Ex Ante Costs of Violating Absolute Priority in Bankruptcy [J]. Journal of Finance, 2002, 57 (1): 445-460.

[16] Bebchuk L. A., J. M. Fried. Executive Compensation as An Agency Problem [J]. Journal of Economic Perspectives, 2003, 17 (3): 71-92.

[17] Bebchuk L. A., J. M. Fried. Pay without Performance: the Unfulfilled Promise of Executive Compensation [J]. Harvard Business Review, 2005, 83 (3): 28-40.

[18] Bebchuk L. A., Y. Grinstein, U. Peyer. Lucky CEOS and Lucky Directors [J]. Journal of Finance, 2010, 65 (6): 2363-2401.

[19] Becker G. S. Investment in Human Capital: A Theoretical Analysis [J]. Journal of Political Economy, 1962 (70): 9-49.

[20] Becker G. S. Human Capital [M]. New York: Columbia University Press, 1964.

[21] Becker G. S. Crime and Punishment: An Economics Approach [J]. Journal of Political Economy, 1968, 76 (2): 169-217.

[22] Becker G. S., K. M. Murphy. The Division of Labor, Coordination Costs and Knowledge [J]. Quarterly Journal of Economics, 1992, 107 (4): 1137-1160.

[23] Bennedsen M., D. Wolfenzon. The Balance of Power in Closely Held Corporations [J]. Journal of Financial Ecnomics, 2000, (58): 112-123.

[24] Berle A. A., G. Means. The Modern Corporation and Private Property [M]. New York: Macmillan, 1932.

[25] Bertrand M., Mullainathan S. Are CEOs Rewarded for Luck? The Ones without Principals Are [J]. Quarterly Journal of Economics, 2001a (116): 901-932.

[26] Bertrand M., Mullainathan S. Do People Mean What They Say? Implica-

tions for Subjective Survey Data [J]. American Economic Review, 2001b, 91 (2): 67-72.

[27] Bizjak J. M., M. L. Lemmon, L. Naveen. Does the Use of Peer Groups Contribute to Higher Pay and Less Efficient Compensation [J]. Journal of Financial Economics, 2008, 90 (2): 152-168.

[28] Bizjak J. M., M. L. Lemmon, T. L. Nguyen. Are All CEOs above Average? An Empirical Analysis of Compensation Peer Groups and Pay Design [J]. Journal of Financial Economics, 2011, 100 (3): 538-555.

[29] Bloom M. The Performance Effects of Pay Dispersion on Individuals and Organizations [J]. Academy of Management Journal, 1999, 42 (1): 25-40.

[30] Boone A. L., L. C. Field, J. M. Karpoff, C. G. Raheja. The Determinants of Corporate Board Size and Composition: An Empirical Analysis [J]. Journal of Financial Economics, 2007, 85 (1): 66-101.

[31] Booth J. R., M. M. Cornett, H. Tehranian. Boards of Directors, Ownership and Regulation [J]. Journal of Banking and Finance, 2002, 26 (10): 1973-1996.

[32] Brick I. E., O. Palmon, J. K. Wald. CEO Compensation, Director Compensation, and Firm Performance: Evidence of cronyism [J]. Journal of Corporate Finance, 2006, 12 (3): 403-423.

[33] Brickley J. A. Empirical Research on CEO Turnover and Firm-performance: A Discussion [J]. Journal of Accounting and Economics, 2003, 36 (1): 227-234.

[34] Bushman R., Z. L. Dai, X. Wang. Risk and CEO Turnover [J]. Journal of Financial Economics, 2010, 96 (3): 381-398.

[35] Cadman B., M. E. Carter, S. Hillegeist. The Incentives of Compensation Consultants and CEO Pay [J]. Journal of Accounting and Economics, 2010, 49 (3): 263-280.

[36] Campbell T. C., M. Gallmeyer, S. A. Johnson, J. Rutherford, B. W. Stanley. CEO Optimism and Forced Turnover [J]. Journal of Financial Economics, 2011, 101 (3): 695-712.

[37] Campello M. Capital Structure and Product Markets Interactions: Evidence from Business Cycles [J]. Journal of Financial Economics, 2003, 68 (3): 353-378.

[38] Carroll T. M., D. H. Ciscel. The Effects of Regulation on Executive Compensation [J]. Review of Economics and Statistics, 1982, 64 (3): 505-509.

[39] Castanias R. P., C. E. Helfat. The Managerial Rents Model: Theory and Empirical Analysis [J]. Journal of Management, 2001, 27 (6): 661-678.

[40] Carpenter M. A., J. B. Wade. Microlevel Opportunity Structures as Determinants of Non-CEO Executive Pay [J]. Academy of Management Journal, 2002, 45 (6): 1085-1103.

[41] Chalmers K., P. S. Koh, G. Stapledon. The Determinants of CEO Compensation: Rent Extraction or Labour Demand [J]. British Accounting Review, 2006, 38 (3): 259-275.

[42] Chen J. Compensation of China's State-owned Enterprises and Corporate Governance [C]. In Brownand Macbean (Eds.), Challenges for China's Development: An Enterprise Perspective, 2005, 58-71.

[43] Chen Q., L. Goldstein., W. Jiang. Price Informativeness and Investment Sensitivity to Stock Price [J]. Review of Financial Studies, 2007, 20 (3): 619-650.

[44] Chen J., M. Ezzamel, Z. M. Cai. Managerial Power Theory, Tournament Theory and Executive Pay in China [J]. Journal of Corporate Finance, 2011, 17 (4): 1176-1199.

[45] Cheung S. N. S. The Theory of Share Tenancy: With Special Application of Asian Agriculture and the First Phase of Chinese Taiwan Land Reform [M]. Chicago: University of Chicago Press, 1969.

[46] Combs J. G., M. S. Skill. Managerialist and Human Capital Explanations for Key Executive Pay Premiums: A Contingency Perspective [J]. Academy of Management Journal, 2003, 46 (1): 63-73.

[47] Conyon M. J., S. I. Peck. Board Control, Remuneration Committees and Top Management Compensation [J]. Academy of Management Journal, 1998, 41 (2): 146-157.

[48] Core J. E., R. W. Holthausen, D. F. Larcker. Corporate Governance, Chief Executive Officer Compensation and Firm Performance [J]. Journal of Financial Economics, 1999, 51 (3): 371-406.

[49] Core J. E., W. Guay, D. F. Larcker. The Power of the Pen and Executive Compensation [J]. Journal of Financial Economics, 2008, 88 (1): 1-25.

[50] Cowherd, D. M. and D. I. Levine. Product Quality and Pay Equity between Lower-level Employees and Top Management: An Investigation of Distributive Justice Theory [J]. Administrative Science Quarterly, 1992, 37 (2): 302-320.

[51] Crossland, C. C. and D. C. Hambrick. Differences in Managerial Discretion across Countries: How Nation-level Institutions Affect the Degree to which CEOs Matter [J]. Strategic Management Journal, 2011, 32 (8): 797-819.

[52] Cronqvist H., F. Heyman., M. Nilsson., Svaleryd, J. Vlachos. Do Entrenched Managers Pay Their Workers More [J]. Journal of Finance, 2009, 64 (1): 309-339.

[53] Cyert R. M., S. H. Kang. Managerial Objectives and Firm Dividend Policy: A Behavioral Theory and Empirical Evidence [J]. Journal of Economic Behavior and Organization, 1996, 31 (2): 157-174.

[54] Cyert R. M., S. H. Kang, P. Kumar. Corporate Governance, Takeovers and Top-Management Compensation and Firm Performance: Theory and Evidence [J]. Management Science, 2002, 48 (4): 453-469.

[55] Daily C. M., J. L. Johnson., A. E. Ellstrand, D. R. Dalton. Compensation Committee Composition as a Determinant of CEO Compensation [J]. Academy of Management Journal, 1998, 41 (2): 209-220.

[56] David P., R. Kochhar, E. Levitas. The Effect of Institutional Investors on the Level and Mix of CEO Compensation [J]. Academy of Management Journal, 1998, 41 (2): 200-208.

[57] Datta D. K., N. Rajagopalan. Industry Structure and CEO Characteristics: An Empirical Study of Succession Events [J]. Strategic Management Journal, 1998, 19 (9): 833-852.

[58] Dechow P. M., R. G. Sloan, A. P. Sweeney. Causes and Consequences of Earnings Manipulation: An Analysis of Firms Subject to Enforcement Actions by the SEC [J]. Contemporary Accounting Research, 1996, 13 (1): 1-36.

[59] Deckop J. R. Determinants of Chief Executive Officer Compensation [J]. Industrial and Labor Relations Review, 1988, 41 (2): 215-226.

[60] Devers C. E., A. A. Cannella, G. P. Reilly, M. E. Yoder. Executive Compensation: a Multidisciplinary Review of Recent Developments [J]. Journal of Management, 2007, 33 (6): 1016-1072.

[61] DiPrete T. A., G. M. Eirich, M. Pittinsky. Compensation Benchmarking,

Leapfrogs and the Surge in Executive Pay [J]. American Journal of Sociology, 2010, 115 (6): 1671-1712.

[62] Dow J., G. Gorton. Stock Market Efficiency and Economic Efficiency: is there a Connection? [J]. Journal of Finance, 1997, 52 (3): 1087-1129.

[63] Dow S. C. Uncertainty and Monetary Policy [J]. Oxford Economic Papers, 2004, 56 (3): 539-561.

[64] East T., W. G. Barnard, E. T. Pulmonary Atresia and Hypertrophy of the Bronchial Arteries [J]. Lancet, 1938 (1): 834-837.

[65] Eaton J., H. S. Rosen. Agency, Delayed Compensation and the Structure of Remuneration [J]. Journal of Finance, 1983, 38 (5): 1489-1505.

[66] Eisenhardt K. M. Agency Theory: An Assessment and Review [J]. Academy of Management Review, 1989, 14 (1): 57-74.

[67] Elson C. What's wrong with executive compensation [J]. Harvard Business Review, 2003, 81 (1): 176-188.

[68] Ezzamel M., R. Watson. Market Comparison Earnings and the Bidding-up of Executive Cash Compensation: Evidence from the United Kingdom [J]. Academy of Management Journal, 1998, 41 (2): 221-231.

[69] Fama E. F. Agency Problems and the Theory of the Firm [J]. Journal of Political Economy, 1980, 88 (2): 288-307.

[70] Fama E. F., M. C. Jensen. Separation of Ownership and Control [J]. Journal of Law and Economics, 1983, 26 (2): 21-43.

[71] Faulkender M., J. Yang. Inside the Black Box: the Role and Composition of Compensation Peer Groups [J]. Journal of Financial Economics, 2010, 96 (2): 257-270.

[72] Festinger L. A theory of Social Comparison Processes [J]. Human Relations, 1954, 7 (2): 117-140.

[73] Finkelstein S. Power in Top Management Teams: Dimensions, Measurement and Validation [J]. Academy of Management Journal, 1992, 35 (3): 505-538.

[74] Finkelstein S., D. Hambrick. Chief Executive Compensation: A Study of the Intersection of Markets and Political Processes [J]. Strategic Management Journal, 1989, 10 (2): 121-134.

[75] Finkelstein S. Power in Top Management Teams: Dimensions, Measure-

ment and Validation [J]. The Academy of Management Journal, 1992, 35 (3): 505-538.

[76] Finkelstein S., D. C. Hambrick, A. A. J. Cannella. Strategic Leadership: Theory and Research on Executives, Top Management Teams, and Boards [M]. Oxford University Press: New York, 2009.

[77] Firth M., P. M. Y. Fung., O. M. Rui. How Ownership and Corporate Governance Influence Chief Executive Pay in China's Listed Firms [J]. Journal of Business Research, 2007, 60 (7): 776-785.

[78] Firth M., T. Y. Leung, O. M. Rui. Justifying Top Management Pay in a Transitional Economy [J]. Journal of Empirical Finance, 2010, 17 (5): 852-866.

[79] Fligstein N., J. J. Zhang. A New Agenda for Research on the Trajectory of Chinese Capitalism [J]. Management Organization Review, 2011, 7 (1): 39-62.

[80] Fredrickson J. W., D. C. Hambrick, S. Baumrin. A Model of CEO Dismissal [J]. Academy of Management Review, 1988, 13 (2): 255-270.

[81] Friend I., L. H. P. Lang. An Empirical Test of the Impact of Managerial Self-Interest on Corporate Capital Structure [J]. Journal of Finance, 1988, 43 (2): 271-281.

[82] Gabaix X., A. Landier. Why Has CEO Pay Increased So Much [J]. Quarterly Journal of Economics, 2008, 123 (1): 49-100.

[83] Gibbons R., K. J. Murphy. Relative Performance Evaluation for Chief Executive Officers [J]. Industrial and Labor Relations Review, 1990a, 43 (3): 30-51.

[84] Gibbons R., K. J. Murphy. Optimum Incentive Contracts in the Presence of Career Concerns [M]. Mimeo: University of Rochester, 1990b.

[85] Goldstein, H. Nonlinear Multilevel Models with an Application to Discrete Response Data [J]. Biometrika, 1991, 78 (1): 45-51.

[86] Goodman P. S. Social Comparison Processes in Organizations [M] //B. Staw and G. Salancik. New Directions in Organizational Behavior. Chicago: St. Clair Press, 1997.

[87] Gomez-Mejia L. R., H. Tosi, T. Hinkin. Managerial Control, Performance and Executive Compensation [J]. Academy of Management Journal, 1987, 30 (1): 51-70.

［88］Gordon M. J., W. B. Lewellen. Management and Ownership in the Large Firm ［J］. Journal of Finance, 1969, 24（2）: 299-322.

［89］Gordon. W, S. Parbudyal. The Evolution of CEO Compensation over the Organizational Life Cycle: A contingency explanation ［J］. Human Resource Management Review, 2014, 24（2）: 144-159.

［90］Grossman G., Hart O. The Costs and Benefits of Ownership: A Theory of Vertical and Lateral Integration ［J］. Journal of Political Economy, 1986, 94（4）: 691-719.

［91］Guthrie J. P., J. D. Olian. Does Context Affect Staffing Decision? the Case of General Managers ［J］. Personnel Psychology, 1991, 44（2）: 263-292.

［92］Hail L., C. Leuz., P. Wysocki. Global Accounting Convergence and the Potential Adoption of IFRS by the U. S. (Part Ⅰ): Conceptual Underpinning and Ecomonic Analysis ［J］. Accounting Horizons, 2010, 24（3）: 355-394.

［93］Hall B. J., J. B. Liebman. Are CEOs Really Paid Like Bureaucrats ［J］. Quarterly Journal of Economics, 1998, 113（3）: 653-691.

［94］Hambrick D. C. Environment, Strategy and Power within Top Management Teams ［J］. Administrative Science Quarterly, 1981, 26（2）: 253-275.

［95］Hambrick D. C., P. A. Mason. Upper Echelons: The Organization as a Reflection of its Top Managers ［J］. Academy of Management Review, 1984, 9（2）: 193-206.

［96］Hambrick D. C. Putting Top Managers back in the Strategy Picture ［J］. Strategic Management Journal, 1989（10）: 5-15.

［97］Hambrick D. C., T. S. Cho, M. J. Chen. The Influence of Top Management Team Heterogeneity on Firms' Competitive Moves ［J］. Administrative Science Quarterly, 1996, 41（4）: 659-684.

［98］Hambrick D. C. Upper Echelons Theory: An Update ［J］. Academy of Management Review, 2007, 32（2）: 334-343.

［99］Hart O., J. Moore. Contracts as Reference Points ［J］. Quarterly Journal of Economics, 2008, 123（1）: 1-48.

［100］Harris H., C. Helfat. Specificity of CEO Human Capital and Compensation ［J］. Strategic Management Journal, 1986, 18（11）: 895-920 .

［101］Heider F. The Psychology of Interpersonal Relation ［J］. New York: Wiley, 1958.

[102] Hill, C. W. L., P. Phan. CEO Tenure as a Determinant of CEO Pay [J]. Academy of Management Journal, 1991, 34 (3): 707-717.

[103] Himmelberg C. P., R. G. Hubbard, D. Palia. Understanding the Determinants of Managerial Ownership and the Link between Ownership and Performance [J]. Journal of Financial Economics, 1999, 53 (3): 353-384.

[104] Hirschey M., J. L. Pappas. Regulatory and Life Cycle Influences on Managerial Incentives [J]. Southern Economic Journal, 1981, 48 (2): 327-334.

[105] Holmström B. Moral Hazard and Observability [J]. Bell Journal of Economics, 1979, 10 (1): 74-91.

[106] Holmstrom B. Moral Hazard in Teams [J]. Bell Journal of Economics, 1982, 13 (2): 324-340.

[107] Holmstrom B., P. Milgrom. Aggregation and Linearity in the provision of Intertemporal Incentives [J]. Econometrica, 1987, 55 (2): 303-328.

[108] Holmstrom B., P. Milgrom. Multi-task Principal-agent Problems [M]. Mimeo: Yale School of Organization and Management, 1989.

[109] Holmström B. P. Milgrom. Multitask Principal-Agent Analyses: Incentive Contracts, Asset Ownership and Job Design [J]. Journal of Law, Economics and Organization, 1991, 7 (2Special): 24-52.

[110] Hölmstrom B. Pay without Performance and the Managerial Power Hypothesis: A Comment [J]. Journal of Corporation Law, 2005, 30 (4): 703-715.

[111] Jackson S. B., T. J. Lopez, A. L. Reitenga. Accounting Fundamental and CEO Bonus Compensation [J]. Journal of Accounting and Public Policy, 2008, 27 (5): 374-393.

[112] Joskow P. Regulatory Constraints on CEO Compensation [J]. Brookings Papers on Economic Activity, 1993, 1993 (1): 1-72.

[113] Jensen M. C., W. H. Meckling. Theory of the Firm: Managerial Behavior, Agency Costs and Ownership Structure [J]. Journal of Financial Economics, 1976, 3 (4): 305-360.

[114] Jensen M. C. Agency Costs of Free Cash Flow, Corporate Finance and Takeovers [J]. American Economic Review, 1986, 76 (2): 323-329.

[115] Jensen M. C., K. J. Murphy. Performance Pay and Top-Management Incentives [J]. Journal of Political Economy, 1990, 98 (2): 225-264.

[116] Jensen M. C. The Modern Industrial Revolution, Exit and the Failure of

Internal Control Systems [J]. Journal of Finance, 1993, 48 (3): 831-880.

[117] Jensen M. C. The Agency Costs of Overvalued Equity and the Current State of Corporate Finance [J]. European Financial Management, 2004, 10 (4): 549-565.

[118] John T. A., K. John. Top-management Compensation and Capital Structure [J]. Journal of Finance, 1993, 48 (3): 949-974.

[119] Jones, D. M. C. Accounting for Human Assets [J]. Management Decision, 1993, 11 (3): 183-194.

[120] Joseph R. H. The External Control of Organizations: A Resource Dependence Perspective [J]. Academy of Management Review, 1979, 4 (2): 309-310.

[121] Kaplan S. N., B. A. Minton. How Has CEO Turnover Changed? Increasingly Performance Sensitive Boards and Increasingly Uneasy CEOs [J]. NBER Working Paper Series——National Bureau of Economic Research (No. 12465), 2006.

[122] Kaplan S. N. Top Executive Rewards and Firm Performance: A Comparison of Japan and the United States [J]. Journal of Political Economy, 1994, 10 (3): 510-546.

[123] Kato T., C. Long. Executive Compensation, Firm Performance, and Corporate Governance in China: Evidence from Firms Listed in the Shanghai and Shenzhen Stock Exchanges [J]. Economic Development and Cultural Change, 2006, 54 (4): 945-983.

[124] Klein B., K. B. Leffler. The Role of Market Forces in Assuring Contractual Performance [J]. Journal of Political Economy, 1981, 89 (4): 615-641.

[125] Knight. Riks, Uncertainty and Profit [M]. New York: AM Kelley, 1964

[126] Kostiuk P. F. Firm Size and Executive compensation [J]. Journal of Human Resources, 1990, 25 (1): 90-105.

[127] Lambert R. A. The Structure of Organizational Incentives——includes Appendix [J]. Administrative Science Quarterly, 1993, 38 (3): 663-691.

[128] Lazear E. Agency, Earnings Profiles, Productivity, Hours Restrictions [J]. American Economic Review, 1981, 71 (4): 606-620.

[129] Lazear E. P., S. Rosen. Rank-order Tournaments as Optimum Labor Contracts [J]. Journal of Political Economy, 1981, 89 (5): 841-874.

[130] Lazear E. P. Globalisation and the Market for Team-Mates [J]. Eco-

nomic Journal, 1999, 109 (454): 15-40.

[131] Lee R. T., J. E. Martin. Internal and External Referents as Predictors of Pay Satisfaction among Employees in a Two-tier Wage Setting [J]. Journal of Occupational Psychology, 1991, 64 (1): 57-66.

[132] Leone A. J., J. S. Wu, J. L. Zimmerman. Asymmetric Sensitivity of CEO Cash Compensation to Stock Returns [J]. Journal of Accounting and Economics, 2006, 42 (1-2): 167-192.

[133] Levine J. M., Moreland R. L. Social Comparison and Outcome Evaluation in Group Context [C] //J. C. Master & W. P. Smith (Eds), 1987.

[134] Li H. Y., Y. Zhang. The Role of Managers' Political Networking and Functional Experience in New Venture Performance: Evidence from China's Transition Economy [J]. Strategic Management Journal, 2007, 28 (8): 791-804.

[135] Lipton, J. W. Lorsch. A Modest Proposal for Improved Corporate Governance [J]. Business Lawyer, 1992, 48 (1): 59-77.

[136] Liu Q. Corporate Governance in China: Current Practices, Economic Effects and Institutional Determinants [J]. CESifo Economic Studies, 2006, 52 (2): 415-453.

[137] Loi R., J. X. Yang, J. M. Diefendorff. Four-factor Justice and Daily Job Satisfaction: A Multilevel Investigarion [J]. Journal of Applied Psychology, 2009, 94 (3): 770-781.

[138] Lucas R. E. On the Mechanics of Economic Development [J]. Journal of Monetary Economics, 1988, 22 (1): 3-42.

[139] McKnight P. J., C. Tomkins., C. Weir, D. Hobson. CEO Age and Top Executive Pay: A UK Empirical Study [J]. Journal of Management and Governance, 2000, 4 (3): 173-187.

[140] Meyer J. W., B. Rowan. Institutional Organization: Formal Structure as Myth and Ceremony [J]. American Journal of Sociology, 1977, 83 (2): 440-463.

[141] Mincer J. Schooling, Experience and Earnings [M]. New York: NBER, 1974.

[142] Minnick K., T. Noga. Do Corporate Governance Characteristics Influence Tax Management [J]. Journal of Corporate Finance, 2010, 16 (5): 703-718.

[143] Morck R., A. Shleifer, R. W. Vishny. Management Ownership and Market Valuation: An Empirical Analysis [J]. Journal of Financial Economics, 1988,

20 (1-2): 293-315.

[144] Morrow J. L., Sirmon D. G., M. A. Hitt, T. R. Holcomb. Creating Value in the Face of Declining Performance: Firm Strategies and Organizational Recovery [J]. Strategic Management Journal, 2007, 28 (3): 271-283.

[145] Murphy K. J. Corporate Performance and Managerial Remuneration: An Empirical Analysis [J]. Journal of Accounting and Economics, 1985, 7 (1-3): 11-42.

[146] Murphy K. J. Executive Compensation [M] //Ashenfelter and Card. Handbook of labor economics. Amsterdam: North Holland, 1999.

[147] Murphy K. J., T. Sandino. Executive Pay and 「Independent」 Compensation Consultants [J]. Journal of Accounting and Economics, 2010, 49 (3): 247-262.

[148] Myers S. C., S. M. Turnbull. Capital Budgeting and the Capital Asset Pricing Model: Good News and Bad News [J]. Journal of Finance, 1977, 32 (2): 321-333.

[149] Nelson R. R., Winter S. J. An Evolutionary Theory of Economic Change [M]. Cambridge, MA: Belknap Press of Harvard University Press, 1982.

[150] North D. C. Institutions, Institutional Change and Economic Performance [M]. Cambridge: Cambridge University Press, 1990.

[151] Ocasio W., H. Kim. The Circulation of Corporate Control: Selection of Functional Backgrounds of New CEOs in Large U. S. Manufacturing Firms [J]. Administrative Science Quanterly, 1999, 44 (3): 532-562.

[152] Ortiz-Molina H. Executive Compensation and Capital Structure: the Effects of Convertible Debt and Straight Debt on CEO Pay [J]. Journal of Accounting and Economics, 2007, 43 (1): 69-93.

[153] O'Reilly C. A., B. G. Main, G. S. Crystal. CEO Compensation as Tournament and Social Comparison: A Tale of Two Theories [J]. Administrative Science Quarterly, 1988, 33 (2): 257-274.

[154] Panano M., A. Roell. The Choice of Stock Ownership Structure: Agency Costs, Monitoring and the Decision to Go Public [J]. Quarterly Journal of Rconomics, 1998, 113 (1): 187-225.

[155] Paterson L., H. Goldstein. New Statistical Methods for Analyzing Social Structures: An Introduction to Multilevel Models [J]. British Educational Research

Journal, 1991, 17 (4): 387-393.

[156] Patton A., Baker J. C. Why won't Directors Rock the Boat [J]. Harvard Business Review, 1987, 65 (6): 10-18.

[157] Peng M. W. Institutional Transitions and Strategic Choices [J]. Academy of Management Review, 2003, 28 (2): 275-296.

[158] Pfeffer J., G. R. Salancik. The External Control of Organizations: A Resource Dependence Perspective [J]. New York: Harper and Row, 1978.

[159] Polanyi M. Personal Knowledge: Towards a Past Critical Philosophy [M]. New York: Harper Torchbooks, 1962.

[160] Rajan R. G., L. Zingales. Financial Dependence and Growth [J]. American Economic Review, 1998, 88 (3): 559-586.

[161] Rajan R. G., J. Wulfc. Are perks purely Managerial Excess [J]. Journal of Financial Economies, 2006, 79 (1): 1-33.

[162] Romeral C. New Estimates of Prewar Gross National Product and Unemployment [J]. Journal of Economic History, 1986, 46 (2): 341-352.

[163] Romer P. M. Increasing Returns and Long-Run Growth [J]. Journal of Political Economy, 1986, 94 (5): 1002-1037.

[164] Ross S. A. The Economic Theory of Agency: the Principal's Problem [J]. American Economic Review, 1973, 63 (2): 134-139.

[165] Rosen S. The Economics of Superstars [J]. American Economics Review, 1981, 71 (5): 845-858.

[166] Rosen S. Authority, Control and the Distribution of Earnings [J]. Rand Journal of Economics, 1982, 13 (2): 311-323.

[167] Rosen S. Prizes and Incentives in Elimination Tournaments [J]. American Economics Review, 1986, 76 (4): 701-715.

[168] Rosen S. The Military as an Internal Labor Market: Some Allocation, Productivity, and Incentive Problems [J]. Social Science Quarterly, 1992, 73 (2): 227-237.

[169] Rosen S. Contracts and the Market for Executives [C] //Werin, Wijkander. Contract Economics. Cambridge, MA: Blackwell, 1992.

[170] Schultz T. W. Capital Formation by Education [J]. Journal of Political Economy, 1960, 68 (6): 571-583.

[171] Schultz T. W. Investment in Human Capital [J]. American Economic

Review, 1961, 51 (1): 1-17.

[172] Scott W. R., G. F. Davis. Organizations and Organizing: Rational, Natural and Open System Perspectives [M]. Pearson: Pearson International Edition, 2007.

[173] Shaw, K. W. and M. H. Zhang. Is CEO Cash Compensation Punished for Poor Firm Performance [J]. Accounting Review, 2010, 85 (3): 1065-1093.

[174] Shen W., G. R. Gentry, H. L. Tosi. The Impact of Pay on CEO Turnover: A Test of Two Perspectives [J]. Journal of Business Research, 2010, 63 (7): 729-734.

[175] Shleifer A., R. W. Vishny. Large Shareholders and Corporate Control [J]. Journal of Political Economy, 1986, 94 (3): 461-488.

[176] Shore T. H., A. Tashchian, L. Jourdan. Effects of Internal and External Pay Comparisons on Work Attitudes [J]. Journal of Applied Social Psychology, 2006, 36 (10): 2578-2598.

[177] Siegel P. A., D. C. Hambrick. Pay Disparities within Top Management Groups: Evidence of Harmful Effects on Performance of High-technology Firms [J]. Organization Science, 2005, 16 (3): 259-274.

[178] Smith R. H. Assimilative and Contrastive Emotional Reactions to Upward and Downward Social Comparisons. Handbook of Social Comparison: Theory and research [M]. New York: Kluwer Academic Publisher, 2000.

[179] Raudenbush S. W., A. S. Bryk. Hierarchical Linear Models: Applications and Data Analysis Methods [M]. 2nd ed. London: Sage Publications, 2002.

[180] Subrahmanyam A., S. Titman. The Going-public Decision and the Development of Financial Markets [J]. Journal of Finance, 1999, 54 (3): 1045-1082.

[181] Summers T. P., A. S. DeNisi. In search of Adams' other: Reexamination of Referents Used in the Evaluation of Pay [J]. Human Relations, 1990, 43 (6): 497-511.

[182] Sun J., S. F. Cahan. The Effect of Compensation Committee Quality on the Association Between CEO Cash Compensation and Accounting Performance [J]. Corporate Governance: An International Review, 2009, 17 (2): 193-207.

[183] Sun J., S. F. Cahan, D. Emanuel. Compensation Committee Governance Quality, Chief Executive Officer Stock Option Grants and Future Firm Performance

[J]. Journal of Banking and Finance, 2009, 33 (8): 1507-1519.

[184] Taye M., L. C. Xu. Agency Theory and Executive Compensation: the Case of Chinese State Owned Enterprises [J]. Journal of Labor Economics, 2004, 22 (3): 615-637.

[185] Thornton P. H., W. Ocasio. Institutional Logics and the Historical Contingency of Power in Organizations: Executive Succession in the Higher Education Publishing Induatry, 1958—1990 [J]. American Journal of Sociology, 1999, 15 (3): 801-843.

[186] Tosi H. L., S. Werner, J. P. Katz, L. R. Gomez-Mejia. How Much Does Performance Matter? A Meta-Analysis of CEO Pay Studies [J]. Journal of Management, 2000, 26 (2): 301-339.

[187] Tosi J. L., A. L. Brownlee, P. Silva, J. P. Katz. An Empirical Exploration of Decision-making under Agency Controls and Stewardship Structure [J]. Journal of Management Studies, 2003, 40 (8): 2053-2071.

[188] Wernerfelt B. A Resource-based View of the Firm [J]. Strategic Management Journal, 1984, 5 (2): 171-180.

[189] Williamson O. The Economics of Discretionary Behavior: Managerial Objectives in a Theory of the Firm [M]. Englewood Cliffs, N. J.: Prentice-Hall, 1964.

[190] Williason O. The Economic Institutions of Capitalism [M]. New York: Free Press, 1985.

[191] Wowak A., D. Hambrick, A. Henderson. Do CEOs Encounter Within-tenure Settling Up? A Multiperiod Perspective on Executive Pay and Dismissal [J]. Academy of Management Journal, 2011, 54 (4): 719-739.

[192] Yermack D. Higher Market Valuation of Companies with a Small Board of Directors [J]. Journal of Financial Economics, 1996, 40 (2): 185-211.

[193] Yermack D. Good Timing: CEO Stock Option Awards and Company News Announcements [J]. Journal of Finance, 1997, 52 (2): 449-476.

[194] Yermack D. Golden Handshakes: Separation Pay for Retired and Dismissed CEOs [J]. Journal of Accounting and Economics, 2006, 41 (3): 237-256.

[195] Yuchen L., W. Yingchieh, C. Jengren, H. Huawei. CEO Characteristics and Internal Control Quality [J]. Corporate Governance: An International Re-

view, 2014, 22 (1): 24-42.

[196] 步丹璐, 蔡春, 葉建明. 高管薪酬公平性問題研究——基於綜合理論分析的量化方法思考 [J]. 會計研究, 2010 (5): 39-46.

[197] 曹廷求, 張光利. 上市公司高管辭職的動機和效果檢驗 [J]. 經濟研究, 2012 (6): 73-87.

[198] 陳德球, 李思飛, 雷光勇. 政府治理、控制權結構與投資決策: 基於家族上市公司的經驗證據 [J]. 金融研究, 2012 (3): 124-138.

[199] 陳冬華, 陳信元, 萬華林. 國有企業中的薪酬管制與在職消費 [J]. 經濟研究, 2005 (2): 92-101.

[200] 陳冬華, 梁上坤, 蔣德權. 不同市場化進程下高管激勵契約的成本與選擇: 貨幣薪酬與在職消費 [J]. 會計研究, 2010 (11): 56-64, 97.

[201] 陳冬華, 陳富生, 沈建華, 尤海峰. 高管繼任、職工薪酬與隱性契約——基於中國上市公司的經驗證據 [J]. 經濟研究, 2011 (2): 100-111.

[202] 陳駿, 徐玉德. 高管薪酬激勵會關注債權人利益嗎? ——基於我國上市公司債務期限約束視角的經驗證據 [J]. 會計研究, 2012 (9): 73-81, 97.

[203] 陳勝藍, 盧銳. 股權分置改革、盈余管理與高管薪酬業績敏感性 [J]. 金融研究, 2012 (10): 180-190.

[204] 陳信元, 陳冬華, 萬華林, 梁上坤. 地區差異、薪酬管制與高管腐敗 [J]. 管理世界, 2009 (11): 130-143, 188.

[205] 陳震, 丁忠明. 基於管理層權力理論的壟斷企業高管薪酬研究 [J]. 中國工業經濟, 2011 (9): 119-129.

[206] 刁國偉, 劉劍雄. 歸因、自主權與工作滿意度 [J]. 管理世界, 2013 (1): 133-167.

[207] 田存志, 吳新春. 公司股權和管理層激勵對信息非對稱程度的影響研究 [J]. 南開管理評論, 2010 (4): 28-34.

[208] 段海豔, 仲偉周. CEO 人力資本特性、企業特性與企業間網路關係對 CEO 薪酬影響的實證分析——基於上海地區上市公司的經驗研究 [J]. 科學學與科學技術管理, 2008 (3): 167-174.

[209] 杜勝利, 翟豔玲. 總經理年度報酬決定因素的實證分析——以我國上市公司為例 [J]. 管理世界, 2005 (8): 114-120.

[210] 杜興強, 王麗華. 高層管理當局薪酬與上市公司業績的相關性實證研究 [J]. 會計研究, 2007 (1): 58-65, 93.

[211] 樊綱，王小魯，朱恒鵬. 中國市場化指數：各地區市場化相對進程 2011 年報告 [M]. 北京：經濟科學出版社，2011.

[212] 方軍雄. 我國上市公司高管的薪酬存在粘性嗎 [J]. 經濟研究，2009 (3)：110-124.

[213] 方軍雄. 高管權力與企業薪酬變動的非對稱性 [J]. 經濟研究，2011 (4)：107-120.

[214] 方軍雄. 高管超額薪酬與公司治理決策 [J]. 管理世界，2012 (11)：144-155.

[215] 費方域. 控制內部人控制——國企改革中的治理機制研究 [J]. 經濟研究，1996 (6)：31-40.

[216] 馮根福，趙玨航. 管理者薪酬、在職消費與公司績效——基於合作博弈的分析視角 [J]. 中國工業經濟，2012 (6)：147-158.

[217] 馮建，冉春芳. 我國當前財務理論研究的特徵與趨勢：基於最新文獻的分析 [J]. 財經科學，2014 (9)：110-120.

[218] 傅娟. 中國壟斷行業的高收入及其原因：基於整個收入分佈的經驗研究 [J]. 世界經濟，2008 (7)：67-77.

[219] 高明華，杜雯翠. 外部監管、內部控制與企業經營風險：來自中國上市公司的經驗證據 [J]. 南方經濟，2013 (12)：63-72.

[220] 顧斌，周立燁. 我國上市公司股權激勵實施效果的研究 [J]. 會計研究，2007 (2)：79-85.

[221] 多納德·海，德理克·莫瑞斯. 產業經濟學與組織 [M]. 鐘鴻鈞，等，譯. 北京：經濟科學出版社，2001.

[222] 何威風，劉啓亮. 我國上市公司高管背景特徵與財務重述行為研究 [J]. 管理世界，2010 (7)：144-155.

[223] 姜國華，饒品貴. 宏觀經濟政策與微觀企業行為：拓展會計與財務研究新領域 [J]. 會計研究，2011 (3)：9-18，94.

[224] 姜付秀，黃繼承. 經理激勵、負債與企業價值 [J]. 經濟研究，2011 (5)：46-60.

[225] 江偉. 行業基準與管理者薪酬增長——基於中國上市公司的實證分析 [J]. 金融研究，2010 (4)：144-159.

[226] 李紹龍，龍立榮，賀偉. 高管團隊薪酬差異與企業績效關係研究：行業特徵的跨層調節作用 [J]. 南開管理評論，2012 (4)：55-65.

[227] 李培功，肖珉. CEO 任期與企業資本投資 [J]. 金融研究，2012

(2): 127-141.

[228] 李琦. 上市公司高級經理人薪酬影響因素分析 [J]. 經濟科學, 2003 (6): 113-127.

[229] 李茜, 張建君. 制度前因與高管特點: 一個實證研究 [J]. 管理世界, 2010 (10): 110-121.

[230] 李維安, 劉緒光, 陳靖涵. 經理才能、公司治理與契約參照點——中國上市公司高管薪酬決定因素的理論與實證分析 [J]. 南開管理評論, 2010 (2): 4-15.

[231] 李維安, 張國萍. 經理層治理評價指數與相關績效的實證研究——基於中國上市公司治理評價的研究 [J]. 經濟研究, 2005 (11): 87-98.

[232] 李增泉. 激勵機制與企業績效——一項基於上市公司的實證研究 [J]. 會計研究, 2000 (1): 24-30.

[233] 黎文靖, 胡玉明. 國企內部薪酬差距激勵了誰 [J]. 經濟研究, 2012 (12): 125-136.

[234] 林高. 我國國有企業高管政治關聯研究 [D]. 成都: 西南財經大學, 2012.

[235] 林鉦琴, 彭臺光. 多層次管理研究: 分析層次的概念、理論和方法 [J]. 管理學報, 2006 (6): 649-675.

[236] 劉啓亮, 羅樂, 張雅曼, 陳漢文. 高管集權、內部控制與會計信息質量 [J]. 南開管理評論, 2013 (1): 15-23.

[237] 劉新民, 王壘. 上市公司高管更替模式對企業績效的影響 [J]. 南開管理評論, 2012 (2): 101-107, 127.

[238] 劉運國, 蔣濤, 胡玉明. 誰能免予薪酬懲罰?: 基於ST公司的研究 [J]. 會計研究, 2011 (12): 46-51, 97.

[239] 盧銳. 管理層權力、薪酬差距與績效 [J]. 南方經濟, 2007 (7): 60-70.

[240] 盧銳, 魏明海, 黎文靖. 管理層權力、在職消費與產權效率: 來自中國上市公司的證據 [J]. 南開管理評論, 2008 (5): 85-92, 112.

[241] 盧銳, 柳建華, 許寧. 內部控制、產權與高管薪酬業績敏感性 [J]. 會計研究, 2011 (10): 42-48, 96.

[242] 陸正飛, 王雄元, 張鵬. 國有企業支付了更高的職工工資嗎 [J]. 經濟研究, 2012 (3): 28-39.

[243] 羅楚亮, 李實. 人力資本、行業特徵與收入差距——基於第一次全

國經濟普查資料的經驗研究［J］.管理世界，2007（10）：19-30.

［244］羅宏，黃文華.國企分紅、在職消費與公司業績［J］.管理世界，2008（9）：139-148.

［245］羅宏，黃敏，周大偉，劉寶華.政府補助、超額薪酬與薪酬辯護［J］.會計研究，2014（1）：42-48，95.

［246］呂長江，趙宇恒.國有企業管理者激勵效應研究：基於管理者權力的解釋［J］.管理世界，2008（11）：99-109，188.

［247］呂長江，鄭慧蓮，嚴明珠，許靜靜.上市公司股權激勵制度設計：是激勵還是福利［J］.管理世界，2009（9）：133-147，188.

［248］呂長江，嚴明珠，鄭慧蓮，許靜靜.為什麼上市公司選擇股權激勵計劃［J］.會計研究，2011（1）：68-75，96.

［249］馬連福，王元芳，沈小秀.國有企業黨組織治理、冗余雇員與高管薪酬契約［J］.管理世界，2013（5）：100-115，130.

［250］權小鋒，吳世農，文芳.管理層權力、私有收益與薪酬操縱［J］.經濟研究，2010（11）：73-87.

［251］邱茜.中國上市公司高管薪酬激勵研究［D］.濟南：山東大學，2011.

［252］冉春芳，冉光圭.上市公司內部監督模式理論［J］.管理世界，2015（3）：180-181.

［253］饒品貴，姜國華.貨幣政策、信貸資源配置與企業業績［J］.管理世界，2013（3）：12-22，47，187.

［254］沈紅波，潘飛，高新梓.制度環境與管理層持股的激勵效應［J］.中國工業經濟，2012（8）：96-108.

［255］沈小秀.外部經理人市場、產品市場競爭與公司治理有效性［D］.天津：南開大學，2014.

［256］諶新民，劉善敏.上市公司經營者報酬結構性差異的實證研究［J］.經濟研究，2003（8）：55-63，92.

［257］司徒功雲.轉軌時期中國國有企業高管激勵與約束問題研究［D］.南京：南京大學，2014.

［258］宋淵洋，李元旭.控股股東決策控制、CEO激勵與企業國際化戰略［J］.南開管理評論，2010（4）：4-13.

［259］蘇方國.人力資本、組織因素與高管薪酬：跨層次模型［J］.南開管理評論，2011（3）：122-131，160.

[260] 萬鵬, 曲曉輝. 董事長個人特徵、代理成本與營收計劃的自願披露：來自滬深上市公司的經驗證據 [J]. 會計研究, 2012 (7)：15-23, 96.

[261] 萬媛媛, 井潤田, 劉玉煥. 中美兩國上市公司高管薪酬決定因素比較研究 [J]. 管理科學學報, 2008 (2)：100-111.

[262] 王紅領. 決定國企高管薪酬水平的制度分析 [J]. 現代經濟探討, 2006 (1)：13-19.

[263] 汪金龍, 李創霏. 高管人力資本、高管報酬和公司績效關係的實證研究——以中部地區上市公司為例 [J]. 經濟管理, 2007 (24)：33-38.

[264] 王雄元, 何捷. 行政壟斷、公司規模與 CEO 權力薪酬 [J]. 會計研究, 2012 (11)：33-38, 94.

[265] 王雄元, 何捷, 彭旋, 王鵬. 權力型國有企業高管支付了更高的職工薪酬嗎 [J]. 會計研究, 2014 (1)：49-56, 95.

[266] 王燁, 葉玲, 盛明泉. 管理層權力、機會主義動機與股權激勵計劃設計 [J]. 會計研究, 2012 (10)：35-41, 95.

[267] 王志強, 張瑋婷, 顧勁爾. 資本結構、管理層防禦與上市公司高管薪酬水平 [J]. 會計研究, 2011 (2)：72-78, 97.

[268] 魏剛. 高級管理層激勵與上市公司經營績效 [J]. 經濟研究, 2000 (3)：32-39, 64-80.

[269] 吳聯生, 林景藝, 王亞平. 薪酬外部公平性、股權性質與公司業績 [J]. 管理世界, 2010 (3)：117-126, 188.

[270] 吳育輝, 吳世農. 企業高管自利行為及其影響因素研究——基於我國上市公司股權激勵草案的證據 [J]. 管理世界, 2010 (5)：141-149.

[271] 夏立軍, 陳信元. 市場化進程、國企改革策略與公司治理結構的內生決定 [J]. 經濟研究, 2007 (7)：82-95, 136.

[272] 肖繼輝. 基於不同股權特徵的上市公司經理報酬業績敏感性 [J]. 南開管理評論, 2005 (3)：18-24.

[273] 肖星, 陳婵. 激勵水平、約束機制與上市公司股權激勵計劃 [J]. 南開管理評論, 2013 (1)：24-32.

[274] 謝德仁, 林樂, 陳運森. 薪酬委員會獨立性與更高的經理人報酬——業績敏感度：基於薪酬辯護假說設的分析與檢驗 [J]. 管理世界, 2012 (1)：121-140, 188.

[275] 謝志華. 論會計的經濟效應 [J]. 會計研究, 2014 (6)：8-16, 96.

[276] 辛清泉, 林斌, 王彥超. 政府控制、經理薪酬與資本投資 [J]. 經

濟研究，2007（8）：110-122.

[277] 辛清泉，譚偉強.市場化改革、企業業績與國有企業經理薪酬 [J].經濟研究，2009（11）：68-81.

[278] 辛宇，呂長江.激勵、福利還是獎勵：薪酬管制背景下國有企業股權激勵的定位困境：基於瀘州老窖的案例分析 [J].會計研究，2012（6）：67-75，93.

[279] 熊海斌，謝茂拾.基於「規則性不當利益」的經理股票期權制度亟需改革 [J].管理世界，2009（9）：178-179.

[280] 徐寧，徐向藝.股票期權激勵契約合理性及其約束性因素：基於中國上市公司的實證分析 [J].中國工業經濟，2010（2）：100-109.

[281] 徐細雄，劉星.放權改革、薪酬管制與企業高管腐敗 [J].管理世界，2013（3）：119-132.

[282] 徐曉東，陳小悅.第一大股東對公司治理、企業業績的影響分析 [J].經濟研究，2003（2）：64-74，93.

[283] 亞當·斯密.國富論 [M].唐日松，等，譯.北京：華夏出版社，2005.

[284] 楊青，黃彤，S. Toms，B. B. Yurtoglu.中國上市公司 CEO 薪酬存在激勵后效嗎 [J].金融研究，2010（1）：166-185.

[285] 遊家興，徐盼盼，陳淑敏.政治關聯、職位壕溝與高管變更——來自中國財務困境上市公司的經驗證據 [J].金融研究，2010（4）：128-143.

[286] 於東智.董事會行為、治理效率與公司績效——基於中國上市公司的實證分析 [J].管理世界，2001（2）：200-203.

[287] 張建君，張志學.中國民營企業家的政治戰略 [J].管理世界，2005（7）：94-105.

[288] 張會麗，陸正飛.現金分佈、公司治理與過度投資：基於我國上市公司及其子公司的現金持有狀況的考察 [J].管理世界，2012（3）：141-150.

[289] 張雷，雷靂，郭伯良.多層線性模型應用 [M].北京：教育科學出版社，2003.

[290] 張俊瑞，趙進文，張建.高級管理層激勵與上市公司經營績效相關性的實證分析 [J].會計研究，2003（9）：29-34.

[291] 鄭志剛，孫娟娟，R. Oliver.任人唯親的董事會文化和經理人超額薪酬問題 [J].經濟研究，2012（12）：111-124.

[292] 鄭志剛.經理人超額薪酬和公司治理：一個文獻綜述 [J].世界經

濟，2012（1）：103-112，126.

[293] 周宏，張巍.中國上市公司經理人薪酬的比較效應——基於相對業績評價的實證研究 [J].會計研究，2010（7）：50-56，96.

[294] 周建波，孫菊生.經營者股權激勵的治理效應研究——來自中國上市公司的經驗證據 [J].經濟研究，2003（5）：74-82，93.

[295] 周蕾.人力資本溢價與企業績效研究 [D].北京：對外經濟貿易大學，2014.

[296] 周其仁.市場裡的企業：一個人力資本與非人力資本的特別契約 [J].經濟研究，1996（6）：71-80.

[297] 周仁俊，楊戰兵，李禮.管理層激勵與企業經營業績的相關性：國有與非國有控股上市公司的比較 [J].會計研究，2010（12）：69-75.

[298] 周仁俊，高開娟.大股東控制權對股權激勵效果的影響 [J].會計研究，2012（5）：50-58，94.

[299] 鐘寧樺.公司治理與員工福利：來自中國非上市企業的證據 [J].經濟研究，2012（12）：137-151.

[300] 勞登布什，布雷克.分層線性模型：應用與數據分析方法 [M].郭志剛，等，譯.2版.北京：社會科學文獻出版社，2007.

后　记

　　上市公司高管超額薪酬是世界各國面臨的共同話題。在美國金融危機的背景下，上市公司高管利用政府補助發放高額薪酬，引發「占領華爾街」運動。在我國上市公司中，「天價薪酬」「天價福利」「天價養老」「天價股權激勵」等現象不時被媒體報導，引發社會公眾的不滿、仇富心理、不公平感知等，挑戰人們對政府執政的看法，影響人們對國有企業高管高薪是腐敗、是自利還是業績的評判。

　　2009 年，我國政府專門針對國有企業高管出抬了「限薪令」，得到社會普遍認可。限薪令要求國有企業高管年薪不得超過公司職工平均薪酬的 12 倍。這令國有企業內部逐漸拉大的公司高管與普遍員工之間的薪酬差距得到了一定程度的過制。然而，薪酬管制背景下國有企業職工薪酬普遍上漲，國有企業員工普遍加薪，尤其是壟斷行業職工平均薪酬數倍高於非壟斷行業、非國有企業職工。逐漸拉大的薪酬差距出現於國有企業內部、行業之間、同行業內的國有企業與非國有企業之間、壟斷企業與非壟斷企業之間。人們發現限薪令僅僅限制了國有企業內部薪酬的相對水平。如果職工薪酬普遍上漲，那麼國有企業高管薪酬在不突破 12 倍上限的情況下，同樣可以獲得上漲。國有企業高管不僅為自己贏得了內部職工的支持，還獲得了在外部為自己的超額薪酬辯護的合理理由。2014 年 8 月，中央進一步提出中央企業高管與普遍員工薪酬水平的差距不突破 8 倍的上限，被業界稱為新一輪限薪。「你被限了嗎？」成為國有企業高管之間談論的話題。中央政府出抬新一輪限薪，其目的是縮小社會普遍存在的行業間、不同領域間的薪酬差距，以過制國有企業高管的過高薪酬以及超額薪酬。

　　在 2013 年令人倍感煎熬的選題過程中，深受 Fama（1980）高管能力觀點的影響，筆者認為超額薪酬界定的前提是確定高管的合理薪酬；如果高管的合理薪酬被充分補償，那麼超過合理薪酬的額外的薪酬部分就應該得到過制。受 Fama 高管高能力觀點的啓發，筆者認為從高管能力的角度分析高管的能力薪

酬，進一步確定高管的超額薪酬也許是一個很好的研究視角。但是合理薪酬如何度量呢？受 Joireman 教授對多層線性分析法（HLM）的授課內容的啟發，筆者發現高管薪酬本質上是一個跨層問題。因為一個跨層問題如果僅從單一層面進行多元線性迴歸可能出現層級謬誤或研究結論上的偏誤，所以，筆者帶著試探和好奇的心理，採用多層線性分析法研究高管薪酬、度量高管超額薪酬，開始了本書的研究。

在本書對高管超額薪酬的研究中，高管權力與高管超額薪酬之間的顯著關係僅出現在國企上市公司董事長樣本中，表現為董事長通過權力獲取超額薪酬；在非國企上市公司和國企上市公司總經理樣本中，高管權力均不是超額薪酬的顯著影響因素。在新一輪限薪令下，國有企業高管的薪酬水平受到限薪令的約束，超額薪酬問題在國有企業中似乎得到瞭解決，那本書還有研究價值嗎？

在本研究是否具有價值的拷問下，筆者倔強地認為，限薪令這種「一刀切」式的限薪政策不一定合理。因為：如果高管超額薪酬深受高管權力的影響，則說明權力性超額薪酬是不合理的薪酬，政府限薪令應該加以限制；如果高管超額薪酬沒有受到高管權力的影響而是受到高管能力的影響，那麼高管獲取的能力性超額薪酬是高管高能力的合理體現，這種能力性超額薪酬不僅不應該被限制，反而應該加以激勵。能力性超額薪酬具有激勵效果，能夠顯著提高公司業績，對公司的長期發展、股東財富的增長甚至國家稅收的增長均有益處。限薪令的本質是限制不合理的薪酬。高管超額薪酬是否應該被限制，取決於超額薪酬的性質是權力性的還是能力性的。限薪政策應該相機而定，即根據高管超額薪酬的性質進行制度調適——對權力性超額薪酬加以限制，對能力性超額薪酬進行激勵。這既符合政府對國有企業高管限薪的初衷，也有助於提高公司業績，增強公司的活力和競爭力。

受馮建教授的影響，筆者一直關注網路新聞。2015 年 3 月 27 日，搜狐財經網上有一篇題為《中國銀行年薪 850 萬元的高薪高管宣布離職》[①] 的新聞。這一新聞讓筆者對本書的研究信心倍增，因為研究的實踐意義得到了實務案例的支持，即高管高薪不一定就不合理。高薪高管宣布離職，這可能隱含著高管超額薪酬存在一定程度合理性的判斷。當高管薪酬不能反應高管能力水平和努力程度時，上市公司高管選擇了用腳投票。這對上市公司來說是人才流失，是

---

① 見 2015 年 3 月 27 日，搜狐財經網「中行最高薪高管離職：年薪 850 萬 傳聞受限薪令影響」。

人力資源的損失。

　　上市公司高管超額薪酬的影響因素頗多。公司治理機制是否缺少治理效率、公司所處行業是否壟斷、公司所處的地區是否發達、公司是否海外上市等都可能是上市公司高管超額薪酬的重要影響因素。本書僅考慮了高管權力、高管能力對高管超額薪酬的影響，還有待於從更廣的視角研究高管超額薪酬，從更深的層次剖析高管超額薪酬形成的原因等。高管權力、高管能力與高管超額薪酬之間的關係以及高管超額薪酬與高管任職之間的關係，僅在國有企業樣本中呈現顯著性關係，而在非國有企業樣本中不存在這種顯著性關係。對於非國企上市公司，除了高管超額薪酬的形成動因、國有企業高管超額薪酬與高管職務間關係的研究結論，還需結合我國國有企業改革的制度變遷、權力結構安排、高管的行政背景等方面，深入挖掘董事長與總經理超額薪酬出現差異的原因。董事長權力在公司內部的表現形式、獲得超額薪酬的董事長具備哪些個人特質等問題，都有待進一步研究。

　　在當前制度背景下，我國國有企業公司治理結構安排是否合理？是否能夠發揮監督制約的效果？當前的國有企業公司治理約束了誰，是總經理還是董事長？董事長作為股東利益的代表，在公司擁有更高的權威，相比於總經理來說擁有更大的權力，那麼誰來監督董事長呢？現有公司治理結構中，董事會有一項重要職能，即監督以總經理為代表的高管團隊執行公司戰略。以總經理為代表的高管團隊被董事會監督。在總經理的薪酬設計上，這表現為根據總經理的能力確定薪酬水平。作為監督者的董事長，在監督總經理超額薪酬的同時，卻可能通過權力獲取超額薪酬。那麼，誰來監督監督者呢？上市公司高管權力、高管能力與高管超額薪酬之間的關係，呈現給讀者的事實是：我國上市公司尤其是國有企業上市公司缺乏對監督者的監督。這才是公司董事長有機會通過權力獲取超額薪酬的主要原因。

致　謝

　　人生如同奔騰的江水，沒有島嶼與暗礁，就難以激起美麗的浪花。記得碩士生畢業時曾發誓不讀博，在悠哉、平靜的教學生活中，筆者與天真、單純的學生在一起，覺得生活無比快樂。雞蛋從外打破是壓力，從內打破是重生。我的簡單快樂生活被「雄關漫道真如鐵，而今邁步從頭越」的讀博念頭打斷。已過而立之年、漸行漸遠的 ABC、高深莫測的實證……種種困難，在攻讀博士學位的豪情壯志中如同浪花遇到沙灘，消失得無影無蹤。

　　三年前，筆者懵懵懂懂地來到西財。博士生期間筆者上課搶座，呼朋喚友去聆聽講座，輔修 Stata 時與碩士生一起上課……這一切似乎還在昨天。細數這上萬個日子，在酸甜苦辣的博士生活中，隨著歲月的積澱，堅韌而又倔強的性格為筆者贏得了時間。筆者終於畢業了。在博士論文定稿之際，掩卷沉思，心中充滿無限感激之情。

　　感謝我的恩師——馮建教授。在師門的一次聚會上，馮老師建議筆者整理近幾年財務學研究的最新文獻，在 3 個月后的第 19 屆全國財務學年會上就財務學研究趨勢和特徵做主題發言。在冉光圭教授和師姐吉利教授的指導下，筆者擬訂了文獻收集的時間範圍和期刊範圍。在吳蒙、傅超、景崇毅等博士生的協助下，筆者順利地完成了國內 7 本頂級期刊 456 篇財務學研究論文的收集、整理、歸納以及論文撰寫工作。整理文獻很辛苦，但正是馮老師的嚴格要求和細心指導，讓筆者在文獻梳理過程中找到了博士論文的選題方向。博士論文開題之際，筆者在國外，馮老師不顧時差，不怨跨國電話的嘈雜聲，耐心地傾聽筆者對選題意義、研究思路的看法。在開題報告上，馮老師那圈圈點點的筆跡、瀟瀟灑灑的行草，永遠銘刻在筆者的腦海裡。在論文撰寫中，因為工作，筆者無法當面請教寫作中遇到的問題，所以電話成為筆者與導師溝通的橋樑。不論何時，不論多忙，導師總會耐心地聆聽筆者傾訴寫作中的煩惱與困惑。老師平時喜歡瀏覽網路財經新聞，只要看到高管薪酬方面的新聞，總會第一時間將信息告知筆者，希望對筆者寫作論文有所幫助。

感謝導師組的各位老師。首先感謝與筆者論文研究領域相近、深受他研究思想啟發並給予筆者許多技術和學術指導的羅宏教授；感謝論文開題、預答辯中給予筆者指導的郭復初教授、向顯湖教授、傅代國教授以及任世馳副教授。

感謝為筆者傳道、授業、解惑的各位老師！龐浩教授年近七旬，依然神採奕奕、精神矍鑠，堅持為博士生上高級計量經濟學課程。龐老師授課風趣幽默，「平均說來」的統計術語、通俗易懂的授課方法，讓敬畏統計的筆者對統計產生了濃厚興趣，讓害怕實證、遠離實證的筆者攻克了實證這座「堡壘」。感謝為我們開設專業課的各位老師：風度翩翩、學術精湛、高瞻遠矚、具備國際視野的楊丹教授；知識面廣、理論深厚、學術追求一絲不苟、引導我們追根溯源的蔡春教授；激情四溢、知識廣博、文獻引用規範、啟發我們站在制度背景下看問題的彭韶兵教授；思想活躍、眼光敏銳、娃娃臉上永遠掛著微笑的羅宏教授；治學嚴謹、年輕有為、學術造詣深厚的馬永強教授；學術精湛的譚洪濤教授；精力充沛、學術專精的毛洪濤教授；思路清晰、娓娓道來的傅代國教授；不苟言笑、年輕有為的邊東教授；財務實踐經驗豐富、精通報表分析的余海宗教授；青年才俊唐雪松教授、周銘山副教授、金智博士和曹春芳博士。還要感謝為我們帶來學術盛宴的短訓課老師張維寧博士和況熙副教授。感謝會計學院方萍副書記、余霞老師、楊長虹老師等，你們默默無聞的付出為我們營造了良好的學習環境和學習氛圍。

博士論文能夠順利完成，得益於華盛頓州立大學的訪問學習。訪學這一年沒有干擾，讓筆者有時間潛心治學，靜心收集，整理文獻，系統學習研究方法。筆者要特別感謝搭建平臺的楊丹教授。楊老師為筆者出國交流找學校、寫推薦信、引薦導師的情景歷歷在目。感謝訪問學習期間的導師 Bernie 教授。教授那風趣幽默、輕言細語的學術引導，生活上無微不至的關心，節假日的美味佳肴，讓筆者永生難忘。感謝訪問學習期間的玩友、學友。相依相伴的小妹妹黃莉博士，讓筆者在異國他鄉感受到親人的關心。感謝華盛頓州立大學國際交流中心 Rob 先生，商學院的 Davie 教授、Joiremen 教授以及會計系的各位老師和博士生同學。感謝送給筆者《多層線性分析方法》的 Joireman 教授。如今翻閱此書，忍不住地思念 Joireman 教授的風趣與熱情，耳邊時刻縈繞著他那分享知識、分享思想的爽朗笑聲。感謝訪學期間與筆者共享辦公室的白俊教授。白教授雖然已經是全國會計學術類領軍人才，但是依然潛心治學，孜孜以求，陶醉於學術殿堂，令筆者望塵莫及。還有那些在筆者無助時、傷心時，為筆者排憂解難的新疆烏魯木齊市政法委杜芳女士、西南政法大學胡爾貴教授、河南大學李謙教授、山東大學王霞教授、成都電子科技大學劉群英教授以及還在華盛

頓州立大學求學的梅笑寒博士、廣震博士、睿彬博士、杜夢嬌博士、佳玉博士、小宋博士以及我的小室友陳嬋博士等，筆者要衷心地對你們道一聲謝謝！謝謝你們一年來的相依相隨，謝謝你們在筆者困難時的出謀劃策，謝謝你們在筆者無助時的那聲問候，謝謝你們在我焦慮時的那句安慰。

感謝三年來陪筆者一起熬過、累過的博士同學們！感謝冉光圭家門博士。冉博士已是教授，卻依然克服學習不易、生活不易、工作不易的困難。那份對學術研究的執著之心和拳拳之情令我欽佩。其不服輸、不認輸的精神是筆者學習的榜樣。感謝三年來一直鼓勵、幫助筆者的同門景崇毅博士。感謝給予筆者技術指導和幫助的付鵬博士。張筱博士熱情大方、不達目的不罷休的處事作風令我感動。感謝老鄉王瑜博士，「拽拉」式地鼓勵和幫助，讓我順利畢業。感謝李子揚博士的異國關心和幫助。鄭偉宏博士的樂觀開朗、方巧玲博士的沉穩內斂、羅帥博士的帥氣聰明、賴黎博士的刻苦堅韌、邱靜博士的悅耳聲音令筆者難忘。還要感謝司蕲博士、何熙瓊博士、毛潔博士、何雨博士、黃敏博士、陳堃博士、畢銘悅博士、周大偉博士、吳澄澄博士、劉天博士、馬可哪吶博士、徐慧博士、李鐵軍博士、劉沛東博士、王宏建博士。感謝有緣與你們相識，感謝與你們結下深厚情誼！

感謝財稅學院的唐恒書博士，經濟學院的李向陽博士、周宗社博士，工商管理學院的張桂君博士，國際商學院的王瑛博士！與你們結下的深厚情誼是筆者此生寶貴的財富，讓筆者感受到了不同學科交流的思想火花。

感謝筆者的碩士生導師彭珏教授！感謝筆者的碩士生同學宮義飛副教授、夏雪花副教授、田冠軍教授和王海兵副教授！謝謝你們引領筆者走進西南財經大學。感謝重慶市財政局副局長商奎先生、會計處處長左良倫先生、會計處黃萱潔女士以及重慶市首屆會計領軍班的同學們，謝謝你們為筆者搭建了更高的學習交流平臺。感謝重慶科技學院組織人事處李志軍副部長，謝謝您對筆者出國交流以及去上海國家會計學院學習給予的支持、幫助和鼓勵。感謝重慶科技學院的各位領導和各位同事對筆者攻讀博士學位期間的幫助和鼓勵。

感謝三年來一直鼓勵、支持筆者的丈夫劉學志先生！感謝丈夫在生活上對筆者無微不至的關心，在思想上對女博士焦慮情緒的寬容，在精神上給予我的無限安慰和體貼。筆者要特別感謝筆者的兒子劉樂陶小朋友。「媽媽，來喝杯水！」「媽媽，早點休息！」……小小年紀學會了擔當，小小年紀學會了體貼，小小年紀學會了寬容……兒子的一句句安慰之言，帶給筆者無限力量，是筆者頹廢時、準備放棄時的精神食糧。感謝上帝送給筆者這麼優秀的兒子，感謝大姐無怨無悔地照顧家人。感謝堂兄劉梟和程均麗夫婦。感謝筆者的親人們！沒

有你們的辛苦付出，筆者不會收穫攻讀博士學位的快樂！謹以此書獻給筆者的丈夫劉學志先生、兒子劉樂陶小朋友以及其他親人們。

感謝書中所參考和引證文獻的作者們！正是你們的前期研究，為本書的寫作提供了良好的研究基礎和邏輯起點。

感謝所有關心、支持和幫助過筆者的人。願你們：

一生平安、永遠幸福！

冉春芳

於西南財經大學明辨園679室

2015年12月12日

在讀期間科研成果目錄

序號	題目	刊物或出版社	署名情況	備註
1	上市公司內部監督模式理論	《管理世界》，2015年第3期，第180~181頁。	第一作者	CSSCI（A）
2	我國當前財務理論研究的特徵與趨勢——基於最新文獻的分析	《財經科學》，2014年第9期，第110~120頁。	第二作者	CSSCI（B1）
3	董事會構成研究——基於聯立方程模型的分析	《財經科學》，2015年第6期，第119~132頁。	第一作者	CSSCI（B1）
4	會計政策選擇、長期資產配置與國企高管隱性腐敗	《財經問題研究》，2015年第9期。	獨立作者	CSSCI
5	生態文明制度建設與政府環境審計	《經濟研究參考》，2015年第33期。	第一作者	北核
6	論精益成本管理八項原則	《會計之友》，2015年第9期，第29~32頁。	第一作者	北核
7	政府環境審計的構建：基於責任政府的視角	《會計之友》，2015年第16期，第112~115頁。	第一作者	北核
8	服務創新驅動發展戰略的會計人才培養	《經濟研究參考》，2015年第38期。	第一作者	北核
9	基於公共受託責任的政府生態環境審計探討	《重慶審計》，2013年第6期。	第一作者	一般
10	中國上市公司高管超額薪酬研究：基於能力的視角	中央高校基本科研業務費專項資金項目	第一作者	項目編號：JBK1407044

表(續)

序號	題目	刊物或出版社	署名情況	備註
11	上市公司內部監督模式合理選擇：理論與實證研究	國家社會科學基金一般項目	第二作者	項目批准號：13BGL045
12	中國上市公司內部監督模式的合理選擇：理論模型和實證分析	中央高校基本科研業務費專項資金項目	第二作者	項目編號：JBK1307134

國家圖書館出版品預行編目(CIP)資料

高管權利、能力與高管超額薪酬研究──以中國企業為例 /
冉春芳 著. -- 第一版.-- 臺北市：崧博出版：崧燁文化發行, 2018.09

　面；　公分

ISBN 978-957-735-484-6(平裝)

1.薪資管理 2.上市公司 3.中國

494.32　　　　107015293

書　　名：高管權利、能力與高管超額薪酬研究──以中國企業為例
作　　者：冉春芳 著
發 行 人：黃振庭
出 版 者：崧博出版事業有限公司
發 行 者：崧燁文化事業有限公司
E-mail：sonbookservice@gmail.com
粉絲頁　　　　　　　網　址：
地　　址：台北市中正區重慶南路一段六十一號八樓815室
8F.-815, No.61, Sec. 1, Chongqing S. Rd., Zhongzheng
Dist., Taipei City 100, Taiwan (R.O.C.)
電　　話：(02)2370-3310　傳　真：(02) 2370-3210
總 經 銷：紅螞蟻圖書有限公司
地　　址：台北市內湖區舊宗路二段121巷19號
電　　話：02-2795-3656　傳真：02-2795-4100　網址：
印　　刷：京峯彩色印刷有限公司（京峰數位）

　本書版權為西南財經大學出版社所有授權崧博出版事業有限公司獨家發行
電子書繁體字版。若有其他相關權利及授權需求請與本公司聯繫。

定價：350 元

發行日期：2018 年 9 月第一版

◎ 本書以POD印製發行